Margret Bauer

Regelungstechnik in der Biotechnologie

De Gruyter Studium

Weitere empfehlenswerte Titel

Process Control in Practice
Tore Hägglund, 2023
ISBN 978-3-11-110372-3, e-ISBN (PDF) 978-3-11-110495-9

Value-Based Engineering
A Guide to Building Ethical Technology for Humanity
Sarah Spiekermann, 2023
ISBN 978-3-11-079336-9, e-ISBN (PDF) 978-3-11-079338-3

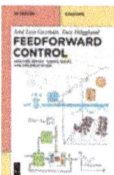

Feedforward Control
Analysis, Design, Tuning rules, and Implementation
José Luis Guzmán, Tore Hägglund, 2024
ISBN 978-3-11-142930-4, e-ISBN (PDF) 978-3-11-106879-4

Product-Driven Process Design
From Molecule to Enterprise
Edwin Zondervan, Cristhian Almeida-Rivera, Kyle Vincent Camarda, 2023
ISBN 978-3-11-101490-6, e-ISBN (PDF) 978-3-11-101495-1

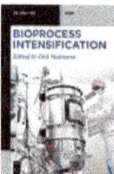

Bioprocess Intensification
Herausgegeben von Dirk Holtmann, 2024
ISBN 978-3-11-076032-3, e-ISBN (PDF) 978-3-11-076033-0

Empathic Entrepreneurial Engineering
The Missing Ingredient
David Fernandez Rivas, 2022
ISBN 978-3-11-074662-4, e-ISBN (PDF) 978-3-11-074682-2

Margret Bauer

Regelungstechnik in der Biotechnologie

Prozessautomatisierung – Bioverfahrenstechnik –
Advanced Process Control

DE GRUYTER
OLDENBOURG

Autorin
Prof. Dr. Margret Bauer
HAW Hamburg
Department Verfahrenstechnik
Campus Bergedorf
21033 Hamburg
Deutschland
margret.bauer@haw-hamburg.de

ISBN 978-3-11-157273-4
e-ISBN (PDF) 978-3-11-157303-8
e-ISBN (EPUB) 978-3-11-157336-6

Library of Congress Control Number: 2025937542

Bibliografische Information der Deutschen Nationalbibliothek
Die Deutsche Nationalbibliothek verzeichnet diese Publikation in der Deutschen Nationalbibliografie;
detaillierte bibliografische Daten sind im Internet über
http://dnb.dnb.de abrufbar.

© 2025 Walter de Gruyter GmbH, Berlin/Boston, Genthiner Straße 13, 10785 Berlin
Coverabbildung: Margret Bauer
Satz: VTeX UAB, Lithuania

www.degruyter.com
Fragen zur allgemeinen Produktsicherheit:
productsafety@degruyterbrill.com

———

Für Vera Fink, selbstständige Architektin und erste Zimmerin Norddeutschlands

Vorwort

Regelungstechnik und das Prinzip von Feedback ist ein fundamentaler Bestandteil der modernen Wissenschaft. Sie ist unerlässlich für technische Systeme, die automatisiert werden sollen: Flugzeuge fliegen automatisch, Haushaltsgeräte folgen voreingestellten Programmen, biotechnologische Prozesse laufen fast ohne Eingreifen des Menschen ab. Dennoch ist die Regelungstechnik eine versteckte Technologie. Sie fällt nur dann auf, wenn sie nicht funktioniert: wenn ein Flugzeug abstürzt, Waschmaschinen kaputtgehen oder es zu Unfällen in einer Fabrik kommt.

Unbewusst regeln wir täglich: Wenn wir Fahrrad oder Auto fahren oder einfach nur aufrecht stehen und unsere Temperatur regulieren. Möchten wir die Handlungen des Menschen automatisieren, so müssen wir die Regelung mathematisch formalisieren. Dazu benötigen wir komplexe Zahlenrechnung, Trigonometrie, Differential- und Integralrechnung und lineare Algebra. Regelungstechniker brennen für ihre Disziplin und sind wahre Meister im Umgang mit diesen komplexen, mathematischen Hilfsmitteln.

In dem Spannungsfeld zwischen einfacher Anwendung und komplexer Berechnung ist dieses Buch entstanden. Es wendet sich an Biotechnologen, für die die Anwendung im Vordergrund steht und die Regelungstechnik ein Mittel zum Zweck darstellt: die Automatisierung biotechnologischer Prozesse.

Es werden komplexe Methoden vorgestellt, aber nur insoweit, als sie auch für das Verständnis notwendig sind. In den ersten Kapiteln wird die Regelungsaufgabe anhand vieler, in der Biotechnologie häufig vorkommenden Beispielen vorgestellt. Die Problemstellung muss für jedes Beispiel etwas angepasst werden, allerdings lassen sich die fundamentalen Prinzipien verallgemeinern.

Die Aufgabe der Regelung beschäftigt sich immer mit einem Zeitverhalten: Wir wollen eine Temperatur über einen Zeitraum konstant halten. Oder wir wollen die nächsten zwei Minuten geradeaus auf unserem Fahrrad fahren. Das Zeitverhalten nennen wir die Dynamik und zur Beschreibung der Dynamik brauchen wir Differentialgleichungen. Der geschickte Umgang mit Differentialgleichungen ist das Herzstück der Regelungstheorie.

Für die Anwendung wird meist ein vorprogrammierter Regler in Form eines PID-Reglers verwendet. Der PID-Regler wird ausführlich betrachtet. Er hat keinen schönen Namen, dafür ist das Konzept allumfassend: Der PID-Regler betrachtet die Gegenwart (P), die Vergangenheit (I) und die Zukunft (D). Letztendlich reduziert sich die Regelungsaufgabe auf das sinnvolle Wählen der Parameter, die diese drei Komponenten gewichten.

Es gibt Fälle, in denen der PID-Regler nicht zufriedenstellend regeln kann. Für diese Fälle gibt es komplexere Strukturen, die mehrere Prozessgrößen einbinden und am Ende des Buches erläutert werden.

Ich habe dieses Buch auf Deutsch geschrieben, obwohl ich selbst die Regelungstechnik im englischsprachigen Raum kennengelernt habe: Meine eigene Begeisterung für

https://doi.org/10.1515/9783111573038-202

diese Disziplin ist 1998 in England entfacht, als ich einen ersten Kurs dazu am University College London bei meiner späteren Doktormutter Nina Thornhill hörte, in meiner Postdoc-Zeit in Südafrika vertieft und dann in der englischsprachigen Umgebung am ABB Corporate Research Center in Mannheim umgesetzt.

Die Regelungstechnik hat sich in Deutschland etwas anders als im englischsprachigen Raum entwickelt. Deutschland ist und war stark in dieser Disziplin, besonders in der Weiterentwicklung der Theorie. Heute gibt es über 100 Regelungstechnische-Institute an deutschen Universitäten, die meisten aufgehängt in den Fakultäten für Elektrotechnik und Maschinenbaus.

Die Bioverfahrenstechnik, Verfahrenstechnik und das Chemieingenieurwesen benötigen andere Methoden als die Anwendungen zum Beispiel aus der Elektrotechnik, denn biotechnologische Prozesse haben eine andere Dynamik als mechanische oder elektrische Systeme. Sie können nicht genau beschrieben werden, dafür verhalten sie sich langsamer. Diese Anpassung ist im englischsprachigen Raum geschehen und es existieren viele hervorragende Bücher, die im Titel den Begriff *Process Control* verwenden. Diesen Begriff gibt es im deutschen Sprachraum nicht.

Seit 2021 lehre ich Regelungstechnik für Biotechnologen an der HAW Hamburg. Dieser Kurs wurde alternativ auf Englisch und Deutsch angeboten, was mir am Anfang zugute kam, da ich die Nomenklaturen im Englischen einfacher empfinde. Allerdings habe ich bemerkt, dass die Studierenden, deren Muttersprache oder zumindest zweite Sprache Deutsch ist, sich mit der englischsprachigen Vorlesung schwertaten. Besonders, da Regelungstechnik als eins der schwersten Fächer zählt. Die Lernbücher wurden schnell mit DeepL (später ChatGPT) übersetzt. Leider sind diese Algorithmen (noch) nicht ausreichend auf die Regelungstechnik trainiert und die Übersetzungen ergeben (manchmal humorvolle) Unstimmigkeiten. Für mich ergab sich jedoch daraus die Konsequenz, die Vorlesungsmaterialien, auf denen dieses Buch beruht, auf Deutsch zu schreiben.

Dieses Buch ist entstanden, als ich als Lise-Meitner-Professor von 2021 bis 2024 an der Lund University tätig war. In dieser Zweitprofessur hatte ich die unglaublich seltene Gelegenheit, ausschließlich das zu tun, was ich für wichtig hielt. Tore Hägglund hat in Lund ein Buch auf Schwedisch geschrieben: *Praktisk processreglering*. Dieses Buch hat einen Ruf in Schweden und ich vermutete, dass ich vieles, was in diesem Buch steht, noch nicht wusste. Tore und ich haben dieses Buch gemeinsam ins Englische übersetzt. Dabei habe ich mehr als irgendwo anders über Regelungstechnik gelernt. 2023 ist es bei De Gruyter erschienen und das vorliegende Buch greift Erkenntnisse daraus auf.

In Lund habe ich auch meine Leidenschaft für das technische Zeichnen wiederentdeckt. Die Regelungstechnik ist ein unbekanntes, technisches Gebiet und die handgemalten Zeichnungen sind nahbarer als computergenerierte Zeichnungen. Zunächst habe ich einzelne Bilder entwickelt, die auf Social Media Plattformen viel Anklang fanden. Der Prozess der Abstraktion ist teilweise ein langwieriger, teilweise ist es auch schneller, ein Blockdiagramm per Hand zu malen. Während des Semesters zeichne ich täglich Blöcke und Zeitdiagramme an die Tafel. In diesem Buch habe ich auch teilweise mit der Simulationssoftware Matlab Graphen generiert und diese durchgepaust. Der Gedanke ist, ein einheitliches, ansprechendes Bild zu erhalten, aber auch die Konzentration auf das Wesentliche und die Beseitigung unnötiger Informationen.

Die einzige Ausnahme ist die Abbildung von Irmgard Flügge-Lotz, die eine Pionierin der Regelungstechnik war und den wichtigsten Regler, den An/Aus oder Zweipunktregler als erste mathematisch beschrieben hat. Karl Johan Aström hat zusammen mit Tore in Lund den PID-Regler als erster ausführlich beschrieben und gilt in Schweden als die wichtigste Person in der Regelungstechnik. Karl Johan hat Irmgard Flügge-Lotz persönlich kennengelernt und sie als bahnbrechende Koryphäe beschrieben. Dennoch wird ihr Name selten erwähnt. Meine Studierende der Biotechnologie sind mehrheitlich weiblich, im starken Kontrast zu den Kollegen in der Regelungstechnik. Ich hoffe, dass Irmgard Flügge-Lotz für sie genauso wie für mich als wegweisendes Vorbild wirkt.

Dieses Buch hätte nicht ohne die ständige Interaktion mit den Studierenden in der Vorlesung entstehen können. Celine Pöhlking hat den Kurs zunächst besucht, dann über mehrere Semester das Tutorium geleitet und immer wieder gemeldet, wenn etwas schwer verständlich war. Finja Bertels hat sich die Mühe gemacht, während des Studiums viele Rechtschreibfehler zu entfernen. Danke an alle, die sich an der Vorlesung beteiligt haben. Natürlich auch ein Dank an Ute Skambraks beim De Gruyter Verlag, die bereits die Übersetzung von Tore Hägglund's Buch zum Erfolg begleitet hat und auch bei diesem Projekt beigestanden ist. Herzlichen Dank an Janina Bentkuvienė als Lektorin für die detaillierten Korrekturen und Bearbeitungen.

Inhalt

1 Einführung

Biotechnologie benutzt Aspekte der Biologie, Chemie, Medizin und Ingenieurwissenschaften. In der Biotechnologie werden Zellen und Organismen eingesetzt, um neue und oft ressourcenschonende Produkte herzustellen, oder neue, nachhaltige Prozesse zu entwickeln. Die Produkte kommen in der Landwirtschaft, in der Lebensmittelindustrie und in der Pharmazie zum Einsatz. Zur Entwicklung dieser Prozesse und Produkte sind zunächst viele Experimente im Labor notwendig, die unter genau kontrollierten und festgesetzten Bedingungen stattfinden müssen. Ist die Entwicklung im Labor erfolgreich, so müssen die Schritte, die dort durchgeführt wurden, auf größere Mengen skaliert werden. Wir sprechen dann von der kommerziellen Herstellung und Bioverfahrenstechnik.

Experimente in der Biotechnologie sind oft langsam, da die Zellen und Organismen für das Wachstum Zeit brauchen. Ein Experiment dauert häufig länger als einen Tag und kann sich auf mehrere Wochen ausdehnen. Aus diesem Grund ist es sinnvoll, die Prozesse technologisch so auszurüsten, dass der Laborant möglichst wenig selbst eingreifen muss. In anderen Worten: Wir müssen die Prozesse und Herstellungsverfahren *automatisieren*. Dazu muss sichergestellt werden, dass wichtige Prozessgrößen konstant bleiben. Zum Beispiel sind für das Zellwachstum Temperatur und Sauerstoffgehalt wichtige Größen. Die Wärme- und Sauerstoffzufuhr muss daher *kontinuierlich* eingestellt werden. Hierfür benötigen wir Methoden der *Regelungstechnik*.

Die gleichen Voraussetzungen im Labor gelten auch in der kommerziellen Herstellung. Um wirtschaftlich produzieren zu können, müssen Prozesse automatisch ablaufen, ohne dass Personal laufend Messungen per Hand vornehmen und basierend auf der abgelesenen Information Ventile und Pumpen einstellen muss. Die Produktion ist somit sicher, qualitativ genauer vorhersagbar, und erfordert weniger Eingriffe durch den Menschen.

Die Regelungstechnik ist eine wichtige Komponente zum automatischen Ablauf biotechnologischer Prozesse. Sie sorgt dafür, dass Stellglieder – Ventile und Pumpen – automatisch eingestellt werden, sodass konstante Temperaturen, Drücke und Konzentrationen während eines Versuchs oder der Produktion erreicht werden.

> Grundlage für die Regelungstechnik ist eine Instrumentierung mit Messgeräten und Stellgliedern. Wir müssen die Prozessgröße, die wir regeln möchten, mit Sensorik messen können. Genauso müssen wir mithilfe von Stellgliedern oder Aktoren – meist Ventile, Pumpen oder anderen Aktoren – in den Prozess eingreifen können. Ohne vorhandene Sensorik und Aktorik können wir nicht regeln.

In diesem Buch werden die Grundlagen der Regelungstechnik erklärt und an Beispielen demonstriert, die häufig in der Biotechnologie vorkommen. Das Buch richtet sich an Studierende der Biotechnologie, die das Fach Regelungstechnik in ihrem Studium behandeln. Voraussetzungen sind mathematische Grundlagen wie Differentialgleichun-

https://doi.org/10.1515/9783111573038-001

gen, Trigonometrie, lineare Algebra und komplexe Zahlen. Grundlagen der Elektrotechnik sind hilfreich, aber keine Voraussetzung.

In Kapitel 2 wird ein wichtiges, grundlegendes Problem der Regelungstechnik beschrieben: Wir wollen eine Prozessgröße auf einem bestimmten Wert halten. Wer nur an der praktischen Umsetzung der Regelung interessiert ist, kann danach sofort zu Kapitel 7 springen, in dem die Standardmethode zur Regelung, der PID-Regler, erklärt wird. Dort wird beschrieben, wie der PID-Regler implementiert werden muss, wie er eingestellt werden sollte, und welche Fallgruben dabei auf einen warten.

Kapitel 3 bis 6 beschreiben die mathematischen Grundlagen der Regelungstechnik. Diese sind nicht für den praktischen Umgang mit einem PID-Regler notwendig. Ein tieferes Verständnis und die Lösung von komplexeren Problemen kann jedoch nicht ohne die mathematischen Grundlagen erreicht werden. Aus diesem Grund werden die zu regelnden Prozesse dynamisch beschrieben – im Zeitbereich mithilfe von Differentialgleichungen und im Frequenzbereich mithilfe von Übertragungsfunktionen.

Einige Prozessgrößen in der Biotechnologie sind besonders schwierig zu regeln. Ein Beispiel dafür ist das Zellwachstum in einem Bioreaktor, das nach Zufuhr von Nährstoffen zunächst zu einem Rückgang der Zellmenge führt, bevor das große Wachsen beginnt. Diese vermeintliche Umkehrreaktion – vorläufiger Rückgang gefolgt von schnellem Wachstum – ist für den Regler schwer zu beherrschen, da die natürliche Reaktion ist, weniger Nährstoffe hin zuzuführen. Für solche Prozesse benötigen wir komplexere Regelstrukturen, die sowohl mit dem ungewöhnlichen Prozessverhalten als auch mit auftretenden Störungen besser umgehen können. Die häufigsten dieser Strukturen werden in Kapitel 8 beschrieben.

Regelungs- und Automatisierungstechnik kommen nicht nur in der Biotechnologie und verwandten Disziplinen wie der Verfahrenstechnik oder Medizintechnik zum Tragen. Der Ursprung und die Entwicklung vieler Methoden ruht in anderen Technologien – in der Luft- und Raumfahrt sowie in der Automobilindustrie. Auch hier gilt es, Prozessgrößen wie Geschwindigkeit, Drehzahl und Drehmoment, automatisch konstant zu halten.

Die Grundlagen der Regelungstechnik sind in allen Anwendungen von Elektrotechnik zu Biotechnologie die Gleichen. Nichtsdestotrotz ist es ratsam, die Regelungstechnik für biotechnologische und verfahrenstechnische Prozesse anders zu behandeln, als die Regelungstechnik für mechanische und elektrische Systeme. Der Grund liegt im Zeitverhalten der biotechnologischen – und auch verfahrenstechnischen – Prozesse: Biotechnologische Prozesse sind nicht vollständig verstanden und im seltensten Fall modellierbar, d. h. sie können nicht ausreichend mit mathematischen Gleichungen beschrieben werden. Dies ist bei rein elektrischen und mechanischen Anwendungen oft anders: dort haben wir exakte Modelle, die wir aus physikalischen Prinzipien ableiten können. Auch die Messung der zu regelnden Größen gestaltet sich oft einfacher.

Es gibt hervorragende Bücher, die die Grundlagen der Regelungstechnik beschreiben. Åström und Hägglund haben ein Standardwerk für den PID-Regler aus Kapitel 7 geschrieben [7]. Ein weiterführendes Buch über den PID-Regler ist das Buch von Visioli [16]. Auf die Regelungstechnik für Chemieingenieure und Verfahrenstechniker wird in dem Buch von Seborg, Edgar und Mellichamp eingegangen [15]. Besonders hervorzuheben ist das Buch von Hägglund [12], das sich ausschließlich mit der angewandten Regelungstechnik für die Verfahrenstechnik beschäftigt und viele Hinweise und Tipps beinhaltet, die in der Praxis gebraucht werden.

Im deutschsprachigen Raum sind die Bücher von Lunze [13], Föllinger [10] und das Taschenbuch der Regelungstechnik von Lutz und Wendt [14] in höheren Auflagen erschienen und Standardwerke in der Ausbildung und im Hochschulbetrieb. All diese Bücher sind umfangreich und gehen in die Tiefe. Zacher und Reuter [17] ist ein relativ neues Buch, das auch Mehrgrößenregelung mit einbindet.

Das vorliegende Buch ist vergleichsweise kurz. Es beinhaltet die Grundlagen, fokussiert sich aber auf die Anwendung der Verfahrenstechnik und gibt Beispiele der Biotechnologie. Es ist als Lehrbuch gedacht und stellt am Ende eines Kapitels Aufgaben, deren Lösung am Ende des Buches zu finden sind. Es beinhaltet nur die wichtigsten Grundlagen und versucht diese auf den alltäglichen Gebrauch anzuwenden.

In den nächsten Abschnitten werden motivierende Beispiele der Biotechnologie eingeführt sowie die Rolle der Automatisierungstechnik und der Regelungstechnik kurz umrissen. Ein Ausblick auf den Rest des Textes schließt das Kapitel ab.

1.1 Beispiele aus der Biotechnologie

In diesem Abschnitt betrachten wir drei Beispiele aus der Biotechnologie, bei denen die Automatisierung und Regelung die Herstellung fundamental verbessert und teilweise erst ermöglicht: Industrielle Penicillinherstellung, Mikroalgenproduktion zur Abwasserreinigung und die Automatisierung von Gewächshäusern. Penicillin kann heute für einen Großteil der Bevölkerung hergestellt werden, weil die Verfahren kontinuierlich und geregelt ablaufen. Die Produktion von Mikroalgen wird bereits seit den 1950er Jahren untersucht. Seit Beginn des einundzwanzigsten Jahrhunderts wurde die Produktion weiterentwickelt und heute findet man große, industrielle Reaktoren zur Abwasserreinigung und Brennstoffproduktion. Die meisten Gewächshäuser haben wenig oder keine Automatisierungstechnik. Mit dem Einsatz der Regelungstechnik können jedoch bessere Wachstumsbedingungen geschaffen werden.

Beispiel (Penicillinherstellung). Natürliche Penicilline bilden sich beim Wachstum bestimmter Schimmelpilze, wie beispielsweise *Penicillium chrysogenum*. Synthetische Penicilline werden ebenfalls durch Schimmelpilzwachstum hergestellt, jedoch unter der Zugabe von weiteren, synthetischen Zusätzen.

Die industrielle Produktion von natürlichen und synthetischen Penicillin wurde durch die Entwicklung der Hochtankfermentation ermöglicht. Hierbei werden Schim-

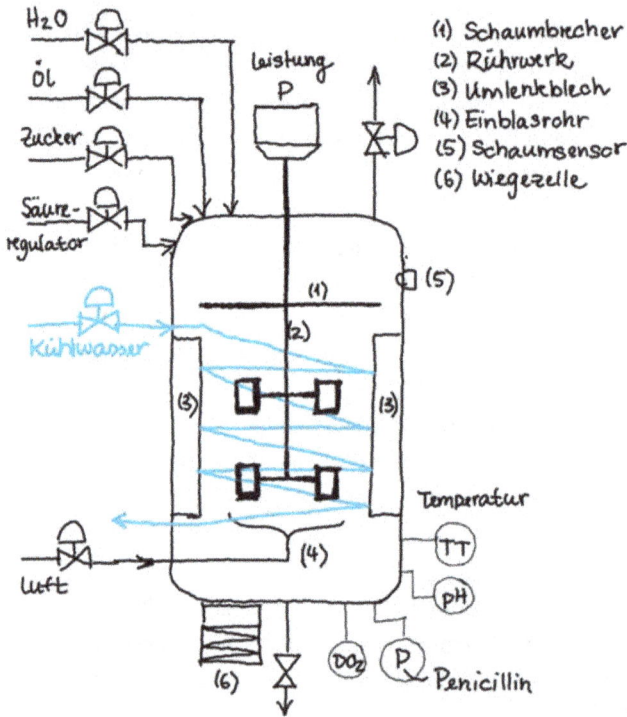

Abb. 1.1: Prozessschema eines Bioreaktors zur Herstellung von Penicillin im Batchverfahren. Adaptiert von Goldrick, S. et al. [11].

melpilze in großen Bioreaktoren, die mehrere hunderttausend Liter Flüssigkeit fassen können, gezüchtet.

Schimmelpilze wachsen ursprünglich nur an Oberflächen. Dieser Prozess ist jedoch teuer, aufwendig und nicht für die industrielle Produktion geeignet. In einem Hochtank können Schimmelpilze bei geeigneter, kontinuierlicher Belüftung sowie konstanter Temperatur und pH-Wert auch in einem Substrat wachsen, wenn die Nahrlösung kontinuierlich hinzugefügt wird.

Für diese konstanten und kontinuierlichen Umgebungsbedingungen ist jedoch die richtige Technologie notwendig. Ein solcher Bioreaktor ist schematisch in Abbildung 1.1 dargestellt. Unten rechts im Bild befinden sich die Sensoren für die wichtigsten Größen, die konstant gehalten werden müssen: T – Temperatur, pH-Wert und Sauerstoffangebot (DO_2). Dazu muss die Zufuhr von H_2O, den Substraten, Öl und Zucker, sowie der Säureregulator, wie oben links im Bild gezeigt ist, mit einem Ventil eingestellt werden. Zudem wird die Temperatur über das Kühlwasser und der Sauerstoffgehalt über die Luftzufuhr eingestellt.

Penicillin wird im Hochtank-Fermentationsreaktor – wie viele biotechnologische Prozesse – in Chargen hergestellt. Dies bedeutet, dass der Reaktor am Anfang mit Pilz-

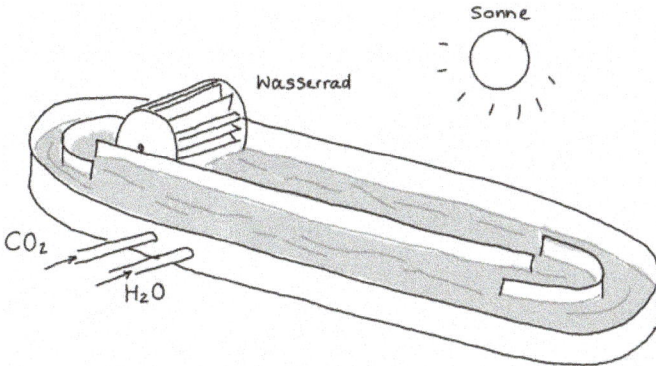

Abb. 1.2: Raceway Reaktor zur Abwasserreinigung und Herstellung von Mikroalgen. Das Wachstum kann durch die Durchflussgeschwindigkeit beeinflusst werden, die durch das Wasserrad erzeugt wird sowie durch die CO_2 und H_2O Zufuhr. Die Reaktoren können so groß wie ein Fußballfeld sein.

kulturen beladen wird, die dann über einen Zeitraum von ungefähr zwei Wochen wachsen. Während dieser zwei Wochen kommt die Regelung zum Einsatz und ist unabdingbar. Danach wird der Reaktor geleert und die Herstellung beginnt von Neuem. Diese Art von Herstellung wird auch oft als *Batchverfahren* bezeichnet.

Beispiel (Mikroalgenzucht). Im Jahr 2022 wurde 70 % des Frischwassers in der Landwirtschaft verbraucht. Um die Menschheit weiterhin ernähren zu können, muss mit der Ressource Wasser vorsichtig umgegangen werden. Dazu ist es notwendig, Frischwasser gezielt zu verteilen und Abwasser zu Frischwasser wieder aufzubereiten.

Ein Prozess zur Aufbereitung von Abwasser ist der Einsatz von Mikroalgen. Stämme von Mikroalgen werden gezüchtet und vermehren sich in Reaktoren. Dazu benötigen Algen die richtigen Umstände: Es muss genug Nahrung in Form von Abwasser zur Verfügung stehen, genug Licht einfallen, die richtige Temperatur herrschen und ausreichend CO_2 in der Umgebung sein. Ein Wasserrad sorgt für den zum Wachstum benötigten Volumenstrom. Der Prozess ist schematisch in Abbildung 1.2 dargestellt. Im laufenden Betrieb muss dafür gesorgt werden, dass der Füllstand, die CO_2-Konzentration und der Volumenstrom konstant sind. Diese Größen sollten automatisch und nicht manuell eingestellt werden.

Beispiel (Gewächshäuser). Auch in wärmeren Ländern wird Gemüse in Gewächshäusern angebaut, damit die Pflanzen unter kontrollierten Umständen wachsen können: Temperatur, Belüftung, Feuchtigkeit und Lichteinfall sollen konstant sein. Zudem können so Vögel oder Insekten von den Pflanzen ferngehalten werden. Um die Temperatur und Lüftung konstant zu halten, werden Fensterklappen geöffnet und geschlossen, siehe Abbildung 1.3. Zerstäuber sorgen für eine höhere Luftfeuchtigkeit, Schlauchberegnungssysteme im Boden für die richtige Bodenfeuchtigkeit. Künstliche Beleuchtung erlaubt ein Wachstum auch in der Nacht. All diese Prozessgrößen können optimiert be-

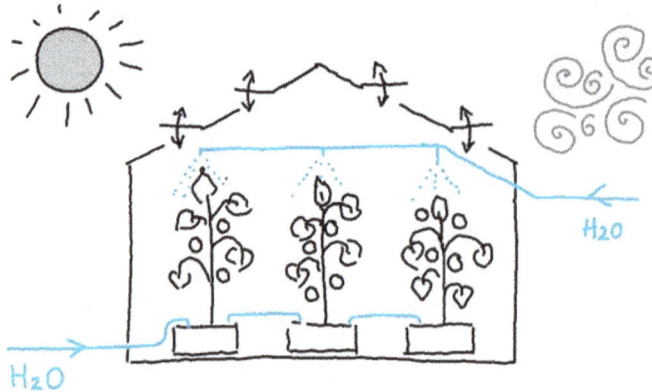

Abb. 1.3: Automatisiertes Gewächshaus. Das Wachstum wird durch Wasserzufuhr und richtige Belüftung optimiert. Störgrößen sind zum Beispiel die Lichteinstrahlung und der Wind.

einflusst werden, indem die Zufuhr von Luft, Wasser und Licht automatisch eingestellt wird.

Die Voraussetzung für die Entwicklung neuer Technologien, wie zum Beispiel bei neuen Mikroalgenreaktoren, sowie für den optimalen Betrieb von existierenden Technologien, wie bei Gewächshäusern, ist, dass die Prozesse automatisch eingestellt werden können.

Wenn ein neues Verfahren getestet wird – eine veränderte Reaktorbauform zur Aufzucht von Mikroalgen oder ein Verfahren zur Gewinnung von Strom aus Urin – müssen viele Testläufe und Experimente durchgeführt werden. Diese Testläufe dauern oft mehrere Tage. Die erfolgreiche Durchführung von Experimenten ist nur dann möglich, wenn der Prozess automatisiert überwacht und angepasst wird, sodass wichtige Größen wie Temperatur oder Druck konstant gehalten werden. Für neue Antibiotika müssen Laborversuche über mehrere Tage und Wochen betrieben werden. Die Regelungstechnik ist damit ein essentieller Bestandteil der Biotechnologie.

1.2 Automatisierungstechnik

Automatisierung bedeutet, dass ein technischer Prozess oder Herstellverfahren ohne ein Einwirken des Menschen ablaufen kann. Jedoch ist es wichtig zu bedenken, welche Art von Herstellprozess vorliegt. Die Automatisierung einer diskreten Fertigung wie zum Beispiel in der Automobilindustrie kann mit Robotern oder CNC-Maschinen umgesetzt werden, die Bohrer, Fräsen oder Laser einsetzen, um ein Werkstück automatisiert zu bearbeiten. Dies geschieht in einem Funktionsablaufplan.

Biotechnologische oder andere verfahrenstechnische Prozesse unterscheiden sich von der diskreten Fertigung, da wir keine Stückgüter, sondern Stoffe wie Substrate und Biomoleküle, verarbeiten. Es gibt keine Maschinen, sondern es kommen stattdessen

Pumpen, Rührer und Ventile zum Einsatz. Diese müssen automatisiert betrieben werden. Die Herstellungsverfahren unterscheiden sich in Batch- oder Chargenverfahren und die kontinuierliche Herstellung (Kontiprozesse).

In der Biotechnologie wird sowohl kontinuierlich, d. h. ohne Startpunkt und Endpunkt, aber auch in Batchverfahren produziert, in denen ein Batch erst beginnen kann, wenn der vorherige abgeschlossen ist. Die Automatisierung beider Herstellverfahren ist sehr unterschiedlich.

Größere Volumen von Flüssigkeiten und Gasen werden meist im kontinuierlichen Betrieb produziert. Hierzu müssen Prozessgrößen wie Temperatur, Durchfluss oder Füllstand über die Zeit konstant gehalten werden, da rund um die Uhr gleiche Qualität erzeugt werden soll. Die Automatisierung kümmert sich darum, dass Ventile und Pumpen laufend so eingestellt werden, dass die Prozessgrößen gleich bleiben. Wir nennen dieses Einstellen auch „Regeln".

Um Batchverfahren automatisieren zu können, werden diskrete Anweisungen gegeben: Öffne das Ventil, um den Behälter zu füllen, schalte die Pumpe an, schalte den Rührer an und warte zehn Minuten, schalte den Rührer wieder aus. Diese Anweisungen ähneln den Anweisungen in der diskreten Fertigung: Lege Werkstück ein, bohre ein Loch, drehe das Werkstück, fräse einen Schlitz. Wir nennen dies im Deutschen auch *Steuerungstechnik*. Hier werden Abläufe dargestellt, die meist binäre Größen abbilden: Eine Pumpe kann an (1) oder aus (0) sein. Ein Ventil ist offen (1) oder geschlossen (0). Die Steuerungstechnik ist in vielen Hinsichten einfacher als die Regelungstechnik und nicht Bestandteil dieses Buches.

In der Realität gibt es keine reinen Batch- oder Kontiprozesse, sondern nur Hybridprozesse. Die meisten Batchprozesse haben in einem Großteil des Ablaufes auch einen kontinuierlichen Betrieb, d. h. auch hier müssen Temperatur oder Konzentrationen konstant gehalten werden, zwar nicht über einen langen Zeitraum, aber über mehrere Minuten, Stunden oder sogar Tage und Wochen. Genauso werden Kontiprozesse be- und entladen und diese Abläufe müssen aus logistischen Gründen in Chargen geschehen.

Das Herzstück der Automatisierung sind Softwareprogramme, die Regelung und Abläufe umsetzen. Dies geschieht entweder mit Softwareprogrammen, die speziell vom Anlagenbauer entwickelt wurden, oder mit Software, die von Automatisierungsunternehmen, z. B. Siemens, ABB oder Honeywell, entwickelt wurde und auf eine Anlage angepasst werden kann. Oft sprechen wir bei der Automatisierungslösung von Speicherprogrammierbaren Steuerung (SPS), aber auch andere Begriffe wie Steuerung, Automation, Bedienung oder Leitsystem werden verwendet. Eindeutige Definitionen der Begriffe gibt es hier nicht, sie je nach Hersteller werden austauschbar verwendet.

Abbildung 1.4 zeigt den strukturellen Aufbau eines automatisierten Rührreaktors, der über eine Bedienoberfläche gesteuert wird. Der Reaktor kann von einem Tank über eine Pumpe mit Substrat gefüllt werden. Über ein Ventil im Zulauf eines Kühlmantels

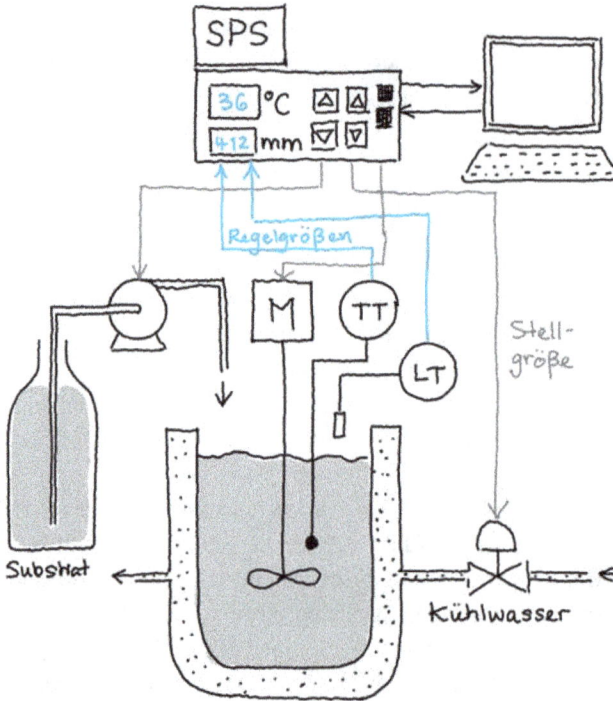

Abb. 1.4: Struktureller Aufbau eines automatisierten Rührreaktors. Die Regelgrößen sind Temperatur (TT) und Füllstand (LT), die Stellgrößen ermöglichen der SPS Anweisungen an Pumpe, Ventil und Rührmotor (M) zu geben.

kann die Temperatur eingestellt werden. Ein Mixer (M) rührt das Substrat im Behälter und kann ein- und ausgeschaltet werden. Die Temperatur sowie der Füllstand im Behälter werden mit Sensoren (TT und LT) gemessen.

Die SPS bekommt die Prozessgrößen – Temperatur und Füllstand – von den Sensoren mitgeteilt und berechnet die Anweisungen an die Pumpe, das Ventil und den Rührer. Wir nennen diese Anweisungen Stellgrößen, da wir zum Beispiel das Ventil ein*stellen* oder den Rührer an*stellen*. Oft ist nur die Bedienoberfläche für den Benutzer sichtbar, der hier Temperatur oder Füllstand einstellen kann oder eine Ablaufsequenz starten oder stoppen kann. Der Rechner oder Controller bleibt besonders bei Komplettlösungen meist verborgen.

Mit Speicherprogrammierbaren Steuerungen (SPS) bezeichnen wir die Rechen-Hardware und Software, mit denen die Automatisierung umgesetzt wird. Mit einer SPS können sowohl Ablaufpläne als auch Regelungen implementiert werden.

1.3 Regelungstechnik

Die Regelungstechnik ist die Grundlage der Automatisierungstechnik. Hier steht die folgende Aufgabenstellung im Vordergrund: Wie können wir eine Prozessgröße wie z. B. eine Temperatur auf einem gewünschten Wert halten? Um dies zu erreichen, benötigen wir zwei essenzielle Komponenten: einen Sensor, der die Prozessgröße messen kann, und einen Aktor, der auf die Prozessgröße einwirkt.

Der Sensor für eine Temperaturregelung ist zum Beispiel ein Temperatursensor möglichst nah an der Stelle, an der wir die Temperatur konstant halten wollen. Der Aktor ist das bewegte Teil, mit dem wir in den Prozess eingreifen können. In der Biotechnologie ist es im häufigsten Fall ein Ventil. Im Deutschen wird der Aktor auch Stellglied genannt.

Die Aufgabe der Regelungstechnik ist es, Ventile und andere Stellglieder so einzustellen, dass ein gewünschten Werte der Prozessgröße, z. B. der Temperatur, erreicht wird. Beide Teile sind notwendig: Wenn wir nicht auf die Prozessgröße einwirken können, können wir nicht regeln. Wenn wir die Prozessgröße nicht messen können, sind wir blind und können wir ebenfalls nicht regeln.

> Zur Regelung benötigen wir drei Komponenten: ein Messgerät, um die gewünschte Prozessgröße zu messen, ein Stellgerät, um auf den Prozess einwirken zu können, und den Regelalgorithmus, der die beiden verbindet.

Die Prozessgröße, die wir einstellen möchten – zum Beispiel eine Temperatur – wird auch als *Regelgröße* bezeichnet. Es handelt sich immer um eine physikalische Größe, die sich mit der Zeit verändert. Die gewünschte Prozessgröße bezeichnen wir als den *Sollwert* oder als Führungsgröße. Die Größe, mit der wir in den Prozess eingreifen – in der Biotechnologie ist dies meist ein Volumenstrom – nennen wir die Stellgröße.

Die Regelung geht wie folgt vor. Zunächst vergleicht der Regler die Abweichung der Regelgröße von ihrem Sollwert. Der Regler berechnet dann einen geeigneten Wert für die Stellgröße, basierend auf der Abweichung. Die Änderung der Stellgröße führt zu einer Änderung in der Regelgröße, da Stell- und Regelgröße physikalisch miteinander verbunden sind. Der Regler vergleicht dann wieder die Abweichung von Regelgröße und Sollwert.

Diesen Kreislauf von Ursache und Wirkung nennen wir auch Rückkopplung oder im Englischen *Feedback*. Das Studium dieses Kreislaufs wird auch mit Kybernetik bezeichnet und an manchen Hochschulen werden Studiengänge angeboten, die sich vollständig der Kybernetik, d. h. zu einem großen Teil der Regelungstechnik, widmen.

1.4 Überblick

Im Folgenden betrachten wir die Regelaufgabe genauer und beschäftigen uns mit der Aufgabenstellung. In Kapitel 2 führen wir den Regelkreis ein, der die Grundlage der Regelungstechnik bildet. Da sich die Regelungstechnik am besten anhand von konkreten Beispielen erklären lässt, betrachten wir einige in der Biotechnologie häufig vorkommende Beispiele. Zudem lernen wir den einfachsten Regler, den Zweipunktregler, kennen.

Bevor wir weitere Methoden zur Regelung entwickeln können, müssen wir jedoch zunächst den Prozess verstehen, den wir regeln möchten. Hierzu gibt es mathematische Hilfsmittel, die das Verhalten des Prozesses im Verlauf der Zeit beschreiben und analysieren können. Die Auswirkung der Stellgröße auf die Regelgröße nennen wir die Dynamik eines Prozesses. In Kapitel 3 beschreiben wir dynamische Prozesse im Zeitbereich mithilfe von Differentialgleichungen.

Da Differentialgleichungen sperrig sind und wir schlecht mit ihnen hantieren können, ziehen wir in Kapitel 4 das mathematische Hilfsmittel der Laplace-Transformation hinzu. Damit beschreiben wir das dynamische Verhalten im Frequenzbereich. Den Frequenzbereich können wir uns ohne viel Übung schlechter vorstellen, aber Gleichungen werden dort kompakter und können mit einfacher, linearer Algebra umgestellt und gelöst werden.

Die Betrachtung im Frequenzbereich üben wir an den wichtigsten und einfachsten Arten von Dynamiken: Prozesse 1. und 2. Ordnung sowie integrierende und Totzeitprozesse. Diese werden in Kapitel 5 beschrieben.

> Der PID-Regler ist der Standard-Regler in der Bioverfahrenstechnik. Um ihn richtig einstellen zu können, müssen wir zunächst die Prozessdynamik der zu regelnden Prozessgröße kennen und verstehen lernen.

Sobald wir dann das Prozessverhalten beschrieben und untersucht haben, können wir uns mit dem Entwurf eines Reglers beschäftigen. Dazu betrachten wir zunächst das Verhalten des geschlossenen Regelkreises in Kapitel 6 im Allgemeinen. Danach befassen wir uns in Kapitel 7 mit dem am häufigsten verwendeten Regler, dem PID-Regler. Der PID-Regler löst die meisten der Regelaufgaben, die in der Biotechnologie vorkommen. Um wichtige Prozessgrößen besser regeln zu können, gibt es weiterführende Reglerstrukturen, wie Kaskadenregelung oder Störgrößenaufschaltung, die mehrere Prozessgrößen in einem Regler zusammenfassen. Dies ist in Kapitel 8 beschrieben.

2 Der einfache Regelkreis

In Abschnitt 1.2 haben wir einen Bioreaktor betrachtet, dessen Temperatur über einen Kühlmantel eingestellt wird. Ziel der Kühlung ist es, die Temperatur im Reaktor auf dem richtigen Niveau zu halten. Die Kühlzufuhr wird über ein Ventil eingestellt. Gleichzeitig messen wir die Temperatur im Inneren des Reaktors. Temperaturregelung ist ein häufig auftretendes regelungstechnisches Problem.

Das Ventil bezeichnen wir als Aktor oder Stellglied und das Thermostat als Sensor oder Messglied. Der Aktor wirkt auf den Prozess ein, sodass sich die Regelgröße, die Temperatur, verändert. Dies kann mit einem Blockdiagramm beschrieben werden, siehe Abbildung 2.1. Dabei repräsentieren die Pfeile, die auf den Block zeigen, Eingangsgrößen oder Eingangssignale und die Pfeile, die vom Block wegzeigen, Ausgangsgrößen oder Ausgangssignale. Zum Beispiel ist die Eingangsgröße des Aktors die Stellgröße und die Ausgangsgröße der Volumenstrom.

Die Eingangsgröße des Aktors nennen wir die Stellgröße. Sie beschreibt, wie weit das Ventil geöffnet oder geschlossen ist. Der Ausgang des Aktors ist in diesem wie in vielen Fällen ein Volumenstrom. Hier stellen wir den Volumenstrom des Kühlwassers ein, das durch den Mantel geschickt wird. Der Volumenstrom wirkt auf den Prozess ein und verändert die Regelgröße. In unserem Fall ist der Prozess der Reaktor sowie der Heizmantel. Wenn der Reaktor groß ist, dauert es lange, bis die Temperatur sich verändert. Ist der Reaktor klein, so geht es schneller. Die Abfolge Aktor – Prozess – Sensor nennen wir die Regelstrecke. Oft fassen wir die drei Komponenten zusammen und beschäftigen uns nur noch mit der Strecke.

> Wenn wir von Prozess sprechen, meinen wir alle zeitlich unveränderlichen Komponenten, die sich zwischen Aktor und Sensor befinden. Oft gehen wir davon aus, dass Aktor und Sensor ideal sind und wir deren Dynamik vernachlässigen können. In dieser vereinfachten Ansichtsweise ist der Prozess der Zusammenhang zwischen Stell- und Regelgröße.

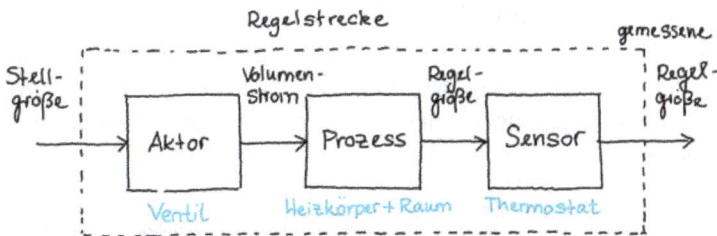

Abb. 2.1: Regelstrecke bestehend aus Aktor, Prozess und Sensor. In der Biotechnologie ist die Ausgangsgröße des Aktors häufig ein Volumenstrom. In Blau eingezeichnet sind die Beispiele einer Regelstrecke eines Temperaturprozesses in einer Reaktorkühlung.

https://doi.org/10.1515/9783111573038-002

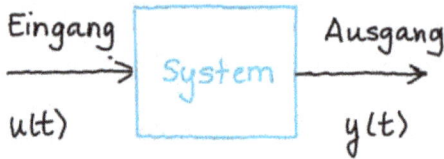

Abb. 2.2: Blockdiagramm eines Systems mit Eingangssignal $u(t)$ und Ausgangssignal $y(t)$. Das System wird auch als Prozess oder Strecke bezeichnet und kann mit Differentialgleichungen beschrieben werden.

Es ist intuitiv und hilfreich in solchen Blöcken zu denken. Für die weitere Vorgehensweise müssen wir jedoch genau definieren, was wir mit den Pfeilen meinen, die in den Block hineingehen und herauskommen und was mit dem Block gemeint ist. Abbildung 2.2 zeigt einen solchen Block im Allgemeinen. Eingang und Ausgang sind Funktionen $u(t)$ und $y(t)$ über die Zeit und werden als Signale bezeichnet. In der Regelungstechnik nennen wir den Block auch *System*, *Strecke* oder *Übertragungsglied*. Die Eingangsgröße ist die Ursache und die Ausgangsgröße die Wirkung.

In der Temperaturstrecke von Abbildung 2.1 wirkt die Stellgröße auf das Ventil und damit auf einen Volumenstrom. Der Volumenstrom wiederum wirkt auf die Regelgröße oder die Temperatur. Idealerweise entspricht die gemessene Regelgröße der tatsächlichen Regelgröße. Da dies aber nicht der Fall sein muss, wird auch ein Block für den Sensor eingeführt.

2.1 Negatives Feedback

Die Regelstrecke in Abbildung 2.1 beschreibt die Wirkung von Aktor auf die Regelgröße. Wenn wir eine gewünschte Temperatur erreichen wollen, können wir den Aktor durch manuelles Ausprobieren einstellen. Das ist nicht besonders schwierig, aber aus zwei Gründen nicht für einen automatischen Betrieb geeignet. Erstens können Störungen im Prozess auftreten: die Außentemperatur kann sich verändern oder die Temperatur des Kühlwassers kann schwanken. In diesem Fall muss das Ventil auf die Störgröße angepasst und neu eingestellt werden. Zweitens kann es vorkommen, dass eine andere Raumtemperatur gewünscht wird. Auch in diesem Fall muss das Ventil durch Ausprobieren wieder neu eingestellt werden.

> Wir müssen aus zwei Gründen regeln: Wir ändern unsere Meinung und möchten einen anderen Sollwert einstellen; *Störgrößen* wirken auf den Prozess und damit auf die Regelgröße ein. In beiden Fällen muss die Stellgröße angepasst werden.

Regelung an sich oder die manuelle Einstellung auf einen gewünschten Wert, ist ein Prinzip, das wir alle gelernt haben und intuitiv durchführen. Wir lesen die Raumtemperatur an einem Thermometer ab, z. B. 20,5 °C, und vergleichen sie mit der gewünschten

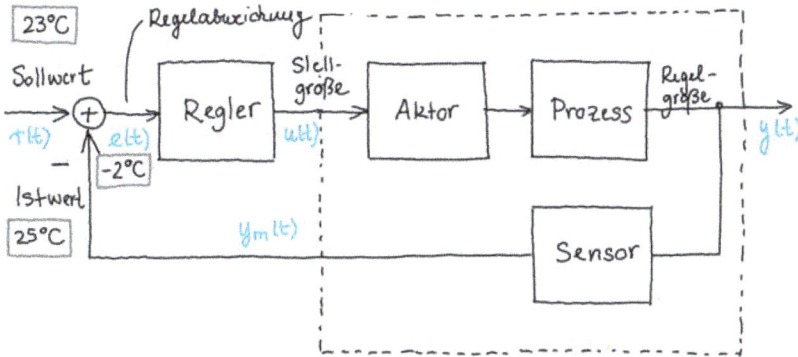

Abb. 2.3: Blockdiagramm eines geschlossenen Regelkreises. Gestrichelt umrahmt ist die Regelstrecke, die aus Aktor, Prozess und Sensor besteht. $r(t)$ ist der Sollwert, $e(t)$ die Regelabweichung, $u(t)$ die Stellgröße und $y(t)$ die Regelgröße oder der Istwert. Wir gehen in diesem Kurs davon aus, dass die gemessene Regelgröße $y_m(t)$ gleich der tatsächlichen Regelgröße $y(t)$ entspricht.

Raumtemperatur, z. B. 23 °C. Da die gemessene Temperatur kleiner ist als die gewünschte Temperatur, werden wir die Heizung aufdrehen und damit das Ventil weiter öffnen. Vergleichen heißt, dass wir die Differenz bilden. Im Kopf rechnen wir 23 °C – 20,5 °C = 2,5 °C.

Dieses Prinzip des Vergleichens ist die Grundlage der Regelung und in Abbildung 2.3 dargestellt. Die Regelstrecke aus Abbildung 2.1 taucht auch hier wieder auf und ist mit einer gestrichelten Linie dargestellt. Das Ausgangssignal der Regelstrecke, die gemessene Regelgröße $y_m(t)$, bezeichnen wir auch als Istwert. Oft lassen wir auch den Index m weg, da wir davon ausgehen, dass der Sensor ideal ist und die gemessene Regelgröße der tatsächlichen Regelgröße entspricht. Mathematisch bedeutet dies, dass die Eingangsgröße des Blocks mit dem Faktor 1 multipliziert die Ausgangsgröße ergibt:

$$y_m(t) \approx y(t) \tag{2.1}$$

Der Istwert wird dann mit dem Sollwert $r(t)$ verglichen. Der Sollwert wird auch als Referenzsignal oder Führungsgröße bezeichnet. Die Differenz von $r(t)$ und $y(t)$ bezeichnen wir als Regeldifferenz oder Regelabweichung:

$$e(t) = r(t) - y(t) \tag{2.2}$$

Basierend auf der Regeldifferenz $e(t)$, die zum Reglereingang wird, bestimmt der Regler die Stellgröße $u(t)$. Wenn sich die Regelgröße durch die Wirkung der Stellgröße geändert hat, wird eine neue Regelabweichung berechnet. Diese neue Regelabweichung führt wiederum zu einem neuen Wert der Stellgröße.

Das fundamentale Prinzip der Regelungstechnik ist die Rückführung oder Rückkopplung, die einen geschlossenen Regelkreis ergibt. Im Englischen wird dies als *Feedback Control* bezeichnet. Wichtig ist sich zu merken, dass es sich um *negatives Feedback*

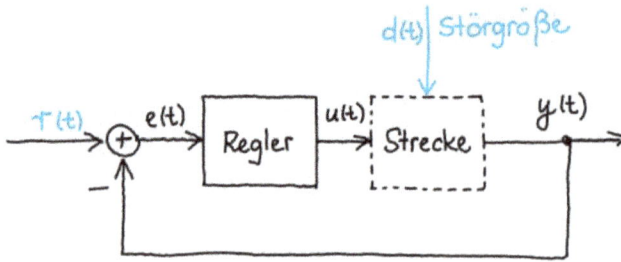

Abb. 2.4: Blockdiagramm des vereinfachten Regelkreises mit Einfluss der Störgröße $d(t)$. Die Namensgebung der übrigen Größen ist die gleiche wie in Abbildung 2.3.

handelt. Positives Feedback verstärkt das Signal – es ist genau das was passiert, wenn man ein Mikrofon gegen einen verbundenen Lautsprecher hält.

Die Darstellung der Blockdiagramme erlaubt es, mehrere, in Reihe geschaltete Blöcke zusammenzufassen. Dies ist in Abbildung 2.1 durch die gestrichelte Linie angedeutet, die die drei Blöcke Aktor-Prozess-Sensor zur Regelstrecke zusammenfasst. Setzt man diese Regelstrecke so ein, ergibt sich ein vereinfachtes Blockdiagramm des Regelkreises, siehe Abbildung 2.4.

Störgrößen wirken sich auf die Regelstrecke aus. Sie sind der Grund, warum wir in vielen Fällen regeln müssen. Die wichtigste Störgröße in der Temperaturregelung ist – neben offenen Fenstern und Türen – die Außentemperatur. Die Heizung im Sommer kann ausgeschaltet bleiben, während sie im Winter besonders stark zum Einsatz kommt. Störgrößen haben verschiedene Charakteristiken. Sie können nicht beeinflusst werden, d. h. es gibt kein Ventil, mit dem wir zum Beispiel die Außentemperatur einstellen können. Störgrößen wirken sich kontinuierlich auf den Zeitverlauf der Regelgröße aus. Ein Stromausfall ist eine Störung der Regelung, aber keine Störgröße. Wenn der Strom ausfällt, kann in den meisten Fällen nichts mehr gemessen werden, die Aktorik funktioniert nicht. Die Kompensation von Störgrößen behandeln wir in Kapitel 8.

Der Sollwert $r(t)$ ist in Abbildung 2.4 ebenfalls hervorgehoben, da er den zweiten Grund der Regelung darstellt. Die Regelung soll in der Lage sein, den Istwert auf einen neuen Sollwert einstellen zu können. In Abbildung 2.4 sind die Buchstaben symbolisch für die verschiedenen Signale eingetragen.

Leider werden die Begriffe der Regelungstechnik in verschiedenen Lernbüchern unterschiedlich benannt. Eine Übersicht der Größen sowie der im Englischen verwandten Begriffe ist in Tabelle 2.1 gegeben. Im Englischen verwendet man auch den Begriff *manipulated variable*. Dies ist die Aktorausgangsgröße – in Abbildung 2.1 als Volumenstrom bezeichnet. Im Deutschen spricht man bei der manipulated variable ebenfalls von der Stellgröße.

Tab. 2.1: Symbole und Namen der im einfachen Regelkreis verwendeten Signale.

Bezeichnung		Englisch	Alternative Bez.
Sollwert	$r(t)$	setpoint	Referenz-, Führungsgröße
Regeldifferenz	$e(t)$	control error	Regelabweichung
Stellgröße	$u(t)$	controller output / manipulated variable	
Störgröße	$d(t)$	disturbance	Laststörung
Istwert	$y(t)$	process variable	Regelgröße

Tab. 2.2: Symbole für wichtige regelungstechnische Größen hier verwendet und nach DIN IEC 60050-351 [9].

Bezeichnung	Im Buch	DCS	DIN60050
Sollwert	r	W	w
Stellgröße	u	Y	y
Regelgröße	y	X	x
Störgröße	d	–	z
Messgröße	y_m	–	y_m

Auch die Buchstaben, die für Sollwert, Regelabweichung usw. verwendet werden, sind unterschiedlich belegt. Die in diesem Buch verwendete Schreibweise ist den Lernbüchern von Hägglund, Åström und Seborg angelehnt ([7], [15], [12]). Im deutschsprachigen Raum wird dies auch verwendet, allerdings werden in der Norm DIN IEC 60050 [9] andere Symbole vorgeschlagen, siehe Tabelle 2.2. Diese Symbole findet man auch oft in den verwendeten Softwarelösungen (Distributed Control System, DCS). Selbstverständlich ändert sich die Theorie durch die unterschiedliche Nomenklatur nicht.

2.2 Massenstromregelung

Eine wichtige Anwendung der Regelungstechnik im kontinuierlichen Betrieb ist die Durchflussregelung, die sowohl eine Massenstrom- als auch eine Volumenstromregelung sein kann. Der Volumenstrom wird in Einheiten wie zum Beispiel Liter pro Minute oder Kubikmeter pro Sekunde angegeben. Der Massenstrom hingegen beschreibt die Rate, mit der eine bestimmte Masse bewegt wird, in Einheiten wie Kilogramm pro Sekunde oder Gramm pro Minute. Bei Flüssigkeiten ist es wichtig, zwischen Masse und Volumen zu unterscheiden, wenn sich die Dichte ändert. Bei konstanter Dichte kann zwischen Masse und Volumen über die Dichte umgerechnet werden.

Bei Gasen ist es notwendig, zwischen Masse und Volumen zu unterscheiden. Gase verändern das Volumen bei unterschiedlicher Temperatur und Druck. Hier sollten wir normalerweise die Masse messen.

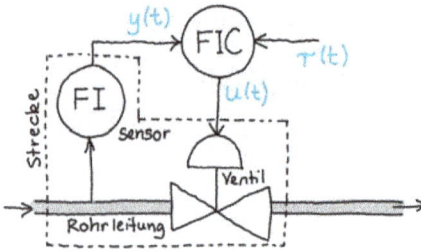

Abb. 2.5: Prozessschema einer Massenstromregelung mit Messgerät FI (Flow Indicator) und Regler FIC (Flow Indicated Controller).

Oft wird gefordert, dass der Massenstrom zu oder von einem Reaktor oder Tank konstant ist. Nun könnte man denken, dass man nur ein Ventil aufdrehen muss, um einen konstanten Strom zu erhalten. Leider ist das nicht der Fall, da Druckänderungen am Eingang der Rohrleitung unerlässlich sind – entweder weil eine Pumpe unterschiedlichen Druck liefert oder weil andere Verbraucher über die gleiche Leitung versorgt werden. Wenn alle Wasserhähne in allen Toiletten der Hochschule gleichzeitig aufgedreht werden, sinkt der Druck überall und der Durchfluss verringert sich.

Die Durchflussregelung erfolgt über ein Ventil – den Aktor, siehe Abbildung 2.5. Der Sensor ist ein Messgerät, das den Volumenstrom misst und mit FI (Flow Indicator) bezeichnet ist. Zu beachten ist dass wir den Sensor VOR dem Ventil einbauen, obwohl wir den Volumenstrom NACH dem Ventil einstellen möchten. Grund dafür ist, dass Verwirbelungen nach dem Ventil zu Messungenauigkeiten führen können. Der Volumenstrom vor und nach dem Ventil ist immer annähernd der gleiche. Der gemessene Wert wird an den Regler FIC weitergegeben. FIC steht für *Flow Indicated Controller* und ist der normierte Ausdruck für einen Durchflussregler, der in der ISA S5.1 Norm beschrieben wird, siehe Tabelle 2.3, [6]. Der Regler erhält den Messwert r und berechnet den Wert des Stellsignals, das an das Ventil gegeben wird.

Zum Verständnis lohnt es sich, Abbildung 2.4 und Abbildung 2.5 genau zu vergleichen. Beide Abbildungen stellen den gleichen Feedback Regelkreis dar, in beiden findet sich der Kreis wieder. Während Abbildung 2.4 jedoch allgemeingültig ist, ist Abbildung 2.5 der spezielle Fall einer Durchflussregelung. Im Vergleich kann man schnell Aktor und Sensor finden. Es stellt sich aber die Frage, welcher Teil in Abbildung 2.5 den Prozess darstellt. Nehmen wir einen idealen Sensor und Aktor an, dann ist bei einer Durchflussregelung der Prozess nur das kleine Stück Rohrleitung, das sich zwischen Sensor FI und dem Ventil befindet. Druckstörungen treten in der Zuleitung vor dem Sensor auf und gehören nicht zum Prozess.

Um kleine Volumenströme in Bioreaktoren genau einstellen zu können, werden Durchflussregler inklusive Sensor und Aktor in einem Gerät gebaut. Sie werden als Massendurchflussregler oder im Englischen *Mass Flow Controller* (MFC) bezeichnet. Abbildung 2.6 zeigt den schematischen Aufbau eines solchen Regelkreises. Das Medium strömt durch das Gehäuse und ein kleiner Strom wird umgeleitet. Der Hauptteil des

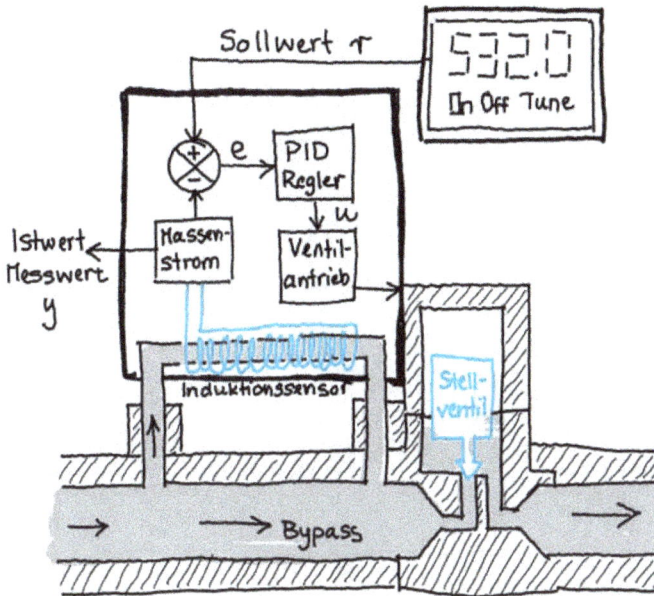

Abb. 2.6: Durchflussregler in der Bauweise eines Massendurchflussreglers mit Sensor (über Seitenstrom), PID-Regler und Ventil, das über einen Stellantrieb bewegt wird. Der Sollwert wird von außen über eine Displayeingabe vorgegeben.

Mediums strömt durch den Bypass. In der Umleitung wird der Durchfluss mit einem *Flow Sensor* gemessen (Istwert) und mit dem *Flow Setpoint* verglichen (Sollwert). Die Regelabweichung wird an einen Regler weitergeben, hier ein PID-Regler, der die Anweisung an den Ventilantrieb (valve driver) berechnet. Der Ventilantrieb stellt sicher, dass das Ventil entsprechend geöffnet und geschlossen wird.

2.3 Zweipunktregler

Eine einfache Form des geschlossenen Regelkreises kennen wir von Temperaturregelungen im Haushalt. Hier handelt es sich um eine spezielle Art von Aktorik: Die Heizschleife im Ofen kann nicht kontinuierlich angeschaltet werden, sondern ist entweder an- oder ausgeschaltet. Dies ist eine andere Aufgabe als wir sie im Rest des Buches betrachten, verdeutlicht aber die Funktionsweise des geschlossenen Regelkreises.

Der Zeitverlauf einer Ofenheizung ist in Abbildung 2.7 gezeigt. Der Sollwert $r(t)$ wird zum Zeitpunkt $t = 0$ auf 200 °C gestellt. Damit wird der Ofen eingeschaltet. Die Temperatur beginnt zu steigen, bis sie 200 °C erreicht. Zum Zeitpunkt t_1 ist der Sollwert erreicht. Der Regler bestimmt nun, dass der Ofen ausgestellt wird. Die Temperatur steigt jedoch zunächst noch etwas weiter an, da in der Heizschleife Wärme gespeichert ist, die das System träge macht. Ab einem gewissen Punkt sinkt die Temperatur jedoch wieder

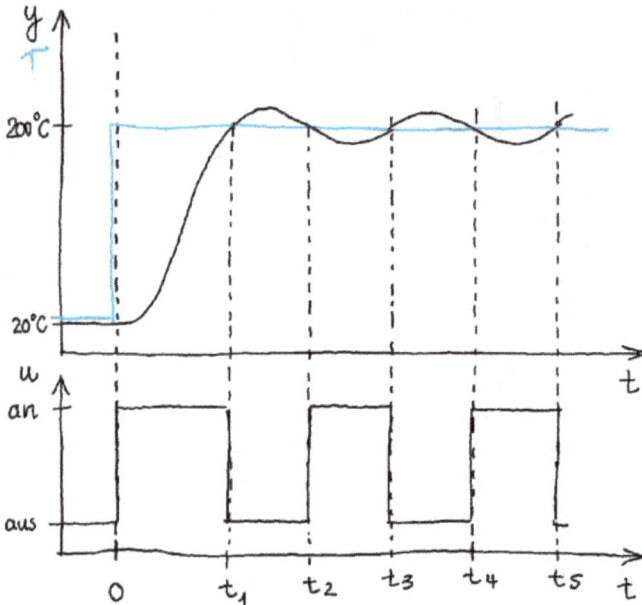

Abb. 2.7: Zeitverlauf bei der Regelung mit einem Zweipunktregler. Der Sollwert ist in Blau angeben und wird zum Zeitpunkt 0 auf 200 °C eingestellt. Die Stellgröße *u* kann nur zwei Werte annehmen: Die Heizschleife kann also entweder an- oder ausgeschaltet werden.

kontinuierlich ab. Sobald die Temperatur unter 200 °C fällt, wird die Heizung zum Zeitpunkt t_2 wieder eingeschaltet. Die Temperatur sinkt zunächst weiter, da die Heizschleife erst warm werden muss und dann die Luft im Ofen erwärmt. Wenn die Heizschleife warm ist, erwärmt sich auch die Luft. Dieses Verhalten von An- und Abschalten wiederholt sich im Betrieb des Backofens. Bei den meisten Öfen ist das An- und Abschalten durch eine rote Lampe angezeigt, die abwechselnd an- und ausgeht.

Diese Art von Regelung wird Zweipunktregelung genannt, da der Aktor zwischen zwei Punkten (An und Aus) schaltet. Im Englischen wird dies selbsterklärend als *On/Off-Control* oder *Bang-Bang-Control* bezeichnet. Der Regelalgorithmus, der den Zusammenhang zwischen Eingang und Ausgang des Reglers beschreibt, ist denkbar simpel:

$$u = \begin{cases} 0, & \text{wenn } e > 0 \\ 1, & \text{wenn } e < 0 \end{cases} \tag{2.3}$$

Dabei bedeutet 0 „Aus" und 1 „An". An dieser Stelle können wir einige Schlussfolgerungen ziehen. Im geschlossenen Regelkreis kann der Istwert um den gewünschten Sollwert herum oszillieren. Dies ist im Allgemeinen nicht erwünscht. Zweipunktregler finden in der Prozessindustrie so gut wie keinen Einsatz, sind aber für sehr kostengünstige Anwendungen geeignet, bei denen es keine Rolle spielt, dass der Sollwert nicht genau eingehalten werden kann.

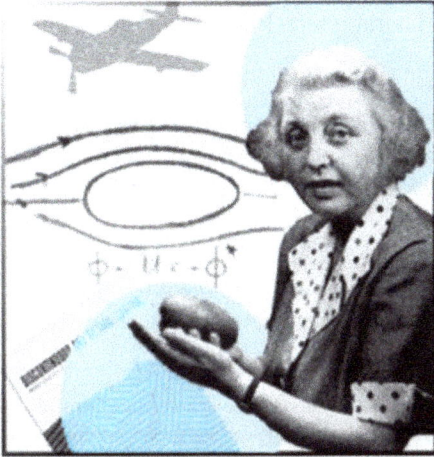

Abb. 2.8: Irmgard Flügge-Lotz (1903–1974), die 1953 das führende Buch zum Zweipunktregler schrieb[5]. Quelle: https://www.control.lth.se/external-engagement/historical-female-influencers-in-automatic-control/.

Trotz seiner Nachteile kann der Regler durch die Rückführung sowohl mit Störungen als auch mit Sollwertänderungen umgehen. Für einfache Regelungen in Haushaltsgeräten wie in Backöfen, Waschmaschinen oder Bügeleisen kommt diese Art der Regelungen deshalb oft zum Einsatz. Auch die meisten Heizkörperthermostate verwenden dieses Regelprinzip. Ein weiterer Vorteil der Zweipunktregelung ist, dass keine Parameter eingestellt werden müssen.

> Zweipunktregler: Der Zweipunkt- oder An-/Aus-Regler schaltet einen Aktor an oder aus, je nachdem ob die Istgröße über oder unter dem Sollwert liegt. Der Zweipunktregler ist für kostengünstige Anwendungen geeignet, bei denen die zwangsweise auftretenden Oszillationen nicht stören.

Der Zweipunktregler wurde 1953 von Irmgard Flügge-Lotz in ihrem Buch *Discontinuous Automatic Control* beschrieben. Flügge-Lotz (Abbildung 2.8) wurde 1903 in Hameln geboren und studierte Mathematik und Ingenieurswissenschaften in Hannover. Sie war die erste weibliche Professorin in den Ingenieurswissenschaften an der Stanford University in den USA.

2.4 Wichtige Begriffe und Symbole

Im normalen Sprachgebrauch verwenden wir Begriffe wie „Steuern" und „Regeln", allerdings haben diese Worte dort allgemeine Bedeutungen. Im technischen Umfeld werden diese Begriffe zwar exakter, aber nicht unbedingt immer präzise oder einheitlich gebraucht. In diesem Abschnitt ist aufgelistet, wie die Begriffe in diesem Buch verwendet werden. Dieses Buch lehnt sich an die im Literaturverzeichnis aufgelisteten Bücher an.

Messglied oder Sensor. Das Messglied sorgt dafür, dass wir die Regelgröße messen können. Ohne Messung kann nicht geregelt werden. Dem englischen Sprachgebrauch angelehnt wird das Messglied auch als *Sensor* bezeichnet.

Stellglied oder Aktor. Wie wir in den Prozess eingreifen können bestimmt der Aktor oder Stellglied. Der Aktor ist ein bewegtes Teil, in der Biotechnologie ist dies meist ein Ventil oder eine Pumpe. Im Maschinenbau ist dies ein Motor, in der Elektrotechnik eine einstellbare Strom- oder Spannungsquelle.

Prozess oder System oder Strecke. Der Prozess ist das am schwierigsten zu definierende Element im Regelkreis. Am einfachsten ist es vielleicht den Prozess als Zusammenhang von Stellgröße, die durch den Aktor eingestellt werden kann, und Messgröße, die vom Sensor aufgenommen wird, zu sehen. Alles, was dazwischen passiert, gehört zum Prozess. Ausnahme sind Störgrößen, die sich zeitlich verändern.

Prozessschema. Die symbolische Darstellung der Komponenten im Prozess und ihrer Verbindung nennen wir Prozessschema oder Prozessdiagramm. Das Bild zeigt die physikalischen Zusammenhänge von Behältern und Rohrleitungen. Hierbei wird ein Ventil zum Beispiel mit zwei verbundenen Dreiecken und einem Halbkreis dargestellt, eine Pumpe als Kreis mit einem Dreieck. Die am häufigsten verwendeten Komponenten sind in Abbildung 2.9 dargestellt. Eine detailliertere Version eines Prozessschemas ist das R&I-Fließbild (Rohrleitungs- und Instrumentenfließschema oder im Englischen P&ID, *Piping and Instrumentation Diagram*). Im R&I-Fließbild sollten die Symbole nach der Norm IEC 62424 verwendet werden [4].

Blockdiagramm oder Blockschaltbild. Im Blockdiagramm wird das dynamische Verhalten der Prozessglieder (Sensor, Prozess, Aktor) als Rechteck festgehalten. Diese Blöcke haben einen Eingang und einen Ausgang. Prinzipiell können es auch mehrere Eingänge und Ausgänge sein, für diesen Kurs beschränken wir uns aber auf jeweils einen Eingang und einen Ausgang. Die Verbindungen zwischen den Blöcken haben immer eine Richtung, von Ursache zur Wirkung hin. Blockdiagramme werden auch in der Elektrotechnik verwendet.

Offener Regelkreis oder Open Loop. Der Offene Regelkreis ist die Verbindung aller Blöcke, jedoch aufgereiht auf einer Perlenschnur, ohne Schließung d. h. ohne Feedback. Die Blöcke des offenen Regelkreises können in einem einzigen Block zusammengefasst werden. Die Eingangsgröße des zusammengefassten Blocks ist die Eingangsgröße des ersten Blocks des offenen Regelkreises. Die Ausgangsgröße des zusammengefassten Blocks ist die Ausgangsgröße des letzten Blocks des offenen Regelkreises. Einige Lernbücher bezeichnen verwirrenderweise den offenen Regelkreis auch als Steuertechnik und den geschlossenen als Regelungstechnik.

Geschlossener Regelkreis oder Closed Loop. Der geschlossene Regelkreis bezeichnet den Zusammenschluss des offenen Regelkreises, mit negativem Feedback. Die Eingangsgröße des geschlossenen Regelkreises ist entweder der Sollwert oder die Störgröße. Die Ausgangsgröße ist immer die Regelgröße.

Tab. 2.3: Einige Kennbuchstaben von gemessenen und geregelten Größen nach der amerikanischen Norm ISA 5.1 und der deutschen Norm DIN 19227.

Messgröße Erstbuchstabe	Messgröße Ergänzungsbuchstabe	Verarbeitung Folgebuchstabe
C		Regelung (Control)
D	Dichte (Density)	Differenz	Abweichung (Deviation)
F	Durchfluss (Flow)	Verhältnis (Fraction)	
H	Handeingriff		Oberer Grenzwert (High)
I	Strom		Anzeige (Indicated)
L	Füllstand (Stand, Level)		Unterer Grenzwert (Low)
P	Druck (Pressure)		
Q	Stoffeigenschaft (Quantity)	Integral, Summe	
R	Strahlungsgrößen		Mitschreiben (Record)
T	Temperatur		Transmitter

Regeleinrichtung. Als Regeleinrichtung wird manchmal die Kombination von Regler und Stellglied bezeichnet, da diese in der gleichen physikalischen Komponente eingebaut sind. So sind einige Ventile bereits mit einem Regler ausgestattet.

Festwertregelung und Folgeregelung. Oft wollen wir die Prozessgröße an einem konstanten Sollwert halten. Dies nennt man Festwertregelung. In anderen Situationen möchte man, dass der Sollwert sich über die Zeit hin verändert. Das ist besonders bei der Regelung von Flugzeugen oder Robotern relevant. In diesem Fall spricht man dann von Folgeregelung.

Im Prozessschema werden graphische Symbole benutzt, die Aktorik und Sensorik darstellen. Die Symbole, die hier verwendet werden, sind in Abbildung 2.9 gezeigt. Es handelt sich hier vornehmlich um die Aktorik. Messgeräte oder Sensoren werden als Kreis dargestellt. Dabei steht im Kreis die Information, um welche Art von Messung es sich handelt. Die hierzu verwendeten Buchstaben sind in Normen wie der ISA5.1 und DIN 19227 definiert und in Tabelle 2.3 aufgeführt.

Die Zeichnungen der Prozessschemata in diesem Buch folgen Tabelle 2.3. So bedeutet zum Beispiel ein Kreis mit den Buchstaben „TT" Temperatur Transmitter oder Temperaturmessgerät. Ein Kreis mit dem Symbol PC bedeutet, dass es sich um eine Druckregelung handelt. Einige Prozessgrößen können nur indirekt gemessen werden. So kann der Füllstand auch über einen Druckunterschied bzw. Differenzdruck gemessen werden. Im Prozessschema wird dies jedoch als LT (*Level Transmitter*) festgehalten und nicht als PDT (*Differential Pressure Transmitter*), da im Prozessschema die zu messende Größe eingetragen wird, nicht das Messprinzip.

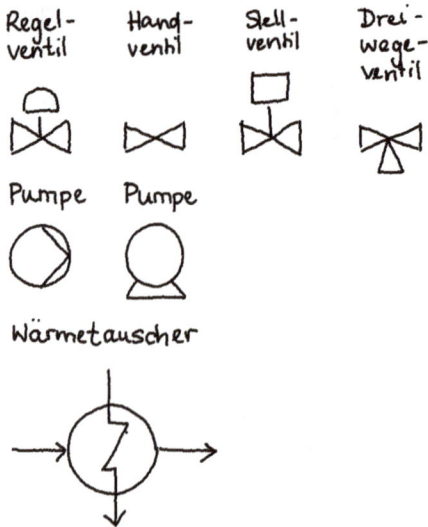

Abb. 2.9: Symbolische Darstellung von Ventilen, Pumpen und Wärmetauscher, die in den Prozessschemata verwendet werden.

2.5 Aufgaben

Aufgabe 2.1. Ein Aquarium hat ein Volumen von 100 l für zwei Fische und verschiedene Wasserpflanzen. Damit die Fische gesund bleiben, benötigen sie einen Sauerstoffgehalt von ca. 8 mg/l. Der Sauerstoff sollte niemals unter 4 mg/l absinken. Die einfachste Belüftung eines Aquariums ist ein Sprudelstein (auch *Diffusor* genannt), der über einen Luftschlauch mit einer Membranpumpe verbunden ist und Umgebungsluft ins Wasser befördert. Wasserpflanzen sind zudem natürliche Sauerstoffproduzenten, allerdings nur in geringem Maße. Die Sauerstoffkonzentration hängt auch von der Wassertemperatur ab. Skizziere einen Regelkreis für den Sauerstoffgehalt im Aquarium und bezeichne alle notwendigen Glieder (Aktor, Prozess, Sensor), sowie mögliche Störgrößen.

Aufgabe 2.2. Um die gewünschte Luftfeuchte in einem Gewächshaus bei 80 % einzuhalten, soll ein An-/Aus-Regler verwendet werden, der über ein Sprühsystem Wasser feinstäubig verteilt. Die Stellgröße gibt ein Signal an das Ventil, das den Wasserzulauf ermöglicht. Skizziere den Zeitverlauf der Stellgröße und dazugehörigen Zeitverlauf der Regelgröße (Luftfeuchte). Die Anfangsluftfeuchte ist die gewünschte Luftfeuchte von 60 %. Hinweis: Wir gehen davon aus, dass das System nicht sofort auf eine Änderung reagieren kann. Das bedeutet, dass die Luftfeuchte auch dann weiter ansteigt, wenn das Sprühsystem gerade ausgeschaltet worden ist.

Aufgabe 2.3. Wir können das Konzept von Feedback mit einem einfachen Beispiel aus dem täglichen Leben veranschaulichen: Duschen. Stelle Dir Deine ideale Dusche vor, mit Ihrer bevorzugten Temperatur und Wassermenge. Wenn Du duschst, steuerst Du

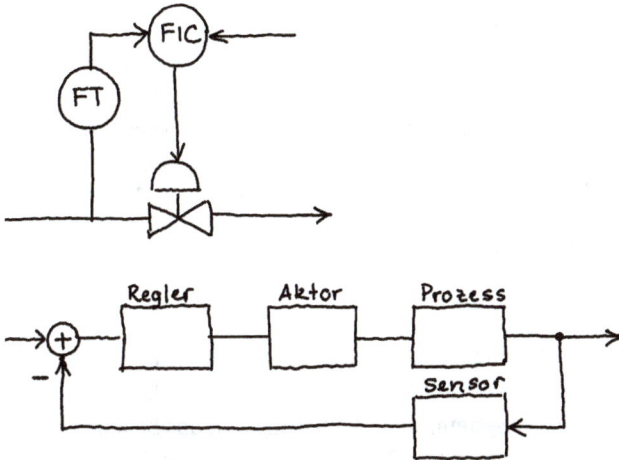

Abb. 2.10: Prozessschema einer Massenstromregelung und Darstellung des allgemeinen Blockdiagramms eines geschlossenen Regelkreises für Aufgabe 2.5.

diese Eigenschaften, indem Du die Warm- und Kaltwasserhähne betätigst. Bezeichne Regel-, Stell- und Störgrößen des Duschens sowie die Aufgabe und Funktionsweise eines manuellen Feedback-Reglers.

Aufgabe 2.4. Diabetes Mellitus ist eine Stoffwechselstörung, bei der zu wenig Insulin im Körper hergestellt wird. Zur Behandlung wird der Glukosespiegel gemessen und über eine Insulinzufuhr korrigiert. Die Zugabe beruht auf dem Prinzip der Regelung. Bestimme die Komponenten und Signale (Stellglied, Sensor, Störgrößen, Regelgröße) in der Glukosespiegelregelung. Skizziere einen Regelkreis für den Glukosespiegel im Körper und die Behandlung von Diabetes. Bezeichne alle notwendigen Glieder (Aktor, Prozess, Sensor), sowie mögliche Störgrößen.

Aufgabe 2.5. Im oberen Teil von Abbildung 2.10 ist eine Massenstromregelung als Prozessschema dargestellt. Im unteren Teil ist der allgemeine Regelkreis abgebildet, mit Aktor, Prozess und Sensor. Beide Darstellungsweisen enthalten die gleichen Inhalte. Markiere Regler, Aktor, Prozess und Sensor farbig im Prozessschema. Notiere weiterhin die Regelgröße y, Stellgröße u sowie den Sollwert r in beiden Darstellungsweisen.

Aufgabe 2.6. Bei vielen Haushaltsgeräten soll die Temperatur auf einen konstanten Wert gebracht werden. Welche der folgenden Haushaltsgeräte beruht auf dem Prinzip der Feedback-Regelung? Erkläre.

1. Backofen
2. Waschmaschine
3. Kaffeemaschine (Filter)
4. Toaster
5. Bügeleisen

Aufgabe 2.7. Anästhesie wird in der Medizin verwendet, um Patienten in einen Zustand der Empfindlosigkeit zu versetzen. Bei einer Allgemeinanästhesie oder Narkose werden Anästhetika intravenös oder inhalativ zugeführt. Narkosen gehören zu den gefährlichsten medizinischen Maßnahmen. Daher müssen Patienten kontinuierlich überwacht werden. Eine Überwachungsmethode ist die Messung der Gehirnaktivitäten. Im letzten Jahrzehnt wurde begonnen, kontinuierlich die Gehirnaktivität mit der neurologischen Größe WAV_{CNS} zu überwachen und Anästhetika (Propofol) kontrolliert zuzugeben.

Skizziere den Regelkreis für eine automatisierte Anästhesie. Diskutiere mögliche Schwierigkeiten sowie Vor- und Nachteile der Automatisierung.

Aufgabe 2.8. Fahrradfahren ist eine umweltfreundliche Art sich fortzubewegen. Allerdings ist es nicht trivial zu erklären, wie Fahrradfahren funktioniert. Das Fahrrad mit einer Person darauf ist ein instabiles System, siehe Abbildung 2.11, das bedeutet, wenn wir nicht gegensteuern, fällt der Fahrer mit dem Fahrrad um. Die Regelgröße ist die Auslenkung der vertikalen Achse von der Senkrechten. Schlage vor, was Aktor, Sensor und Störgrößen sein können. Hierbei stellen sich viele Fragen, die diskutiert werden können, aber nicht leicht zu beantworten sind.

1. Wie stabilisiert man ein Fahrrad? Indem man lenkt, oder indem man sich hin- und herlehnt?
2. Warum kann man auch ohne Hände Fahrradfahren?
3. Wie wird die Stabilität durch die Bauweise des Fahrrads beeinflusst?
4. Warum sieht die Gabel so aus?
5. Warum haben Lastenräder die Last vorne?
6. Warum ist Fahrradfahren dennoch einfach, wenn man es einmal gelernt hat?

Abb. 2.11: Stabilität beim Fahrradfahren: eine Regelaufgabe in Aufgabe 2.8.

3 Dynamische Prozesse im Zeitbereich

Grundlage für alle Regelungsentwürfe ist ein Verständnis des Prozessverhaltens. Das Verhalten nennen wir auch die Prozessdynamik und bezeichnet die Reaktion einer Prozessgröße, der Ausgangsgröße in Abhängigkeit einer Eingangsgröße. Dynamik bedeutet, dass es sich um ein Zeitverhalten handelt.

In der Regelungstechnik ist die Eingangsgröße des Prozesses eine Größe, die wir verändern können. Die Ausgangsgröße ist die Prozessgröße, die wir regeln möchten, wie zum Beispiel der Sauerstoffgehalt in einem Reaktor oder eine Temperatur.

Meist beobachten wir dazu die Änderungen der Ausgangsgröße, wenn wir die Eingangsgröße ab einem gewissen Zeitpunkt kontrolliert ändern. Dabei interessiert uns sowohl wie sich die Amplitude der Ausgangsgröße verändert, als auch wie schnell die Änderung vonstattengeht.

Differentiale – oder Ableitungen – beschreiben die Änderungsraten von Größen. Differentialgleichungen erfassen damit den Zusammenhang von einer Eingangs- und einer Ausgangsgröße. Sowohl Eingangs- als auch Ausgangsgrößen sind hier zeitabhängig, und nicht konstant.

Beispiel für eine solche Gleichung ist $\frac{dy}{dt} = u$ wobei $u(t)$ die Eingangsgröße und $y(t)$ die Ausgangsgröße ist. Die Gleichung besagt, dass die Änderung der Ausgangsgröße sich immer wie die Eingangsgröße verhält. Wenn wir eine Eingangsgröße $u(t) = 1$ betrachten, die vom Zeitpunkt $t = 0$ null ist und danach den Wert 1 annimmt, dann ist die Ausgangsgröße gleich dem Integral $y = \int u \, dt = \int 1 \, dt = t$. Die Differentialgleichung sagt also aus, dass die Ausgangsgröße linear anwächst, wenn die Eingangsgröße konstant ist.

Differentialgleichungen können natürlich andere Formen als diese einfache Form annehmen, und damit unterschiedliche dynamische Verhalten beschreiben. Später betrachten wir hier eine spezielle Art von Differentialgleichungen: gewöhnliche Differentialgleichungen, die nur lineare, zeitunabhängige Zusammenhänge von Differentialen verschiedener Ordnungen zulassen.

Für die Regelungstechnik interessiert uns vor allem der Zeitverlauf des Ausgangssignals, wenn das Eingangssignal ein Sprung ist. Dieser Sprung entspricht zum Beispiel dem plötzlichen Öffnen eines Ventils. Die Reaktion des Ausgangssignals, der Regelgröße, nennen wir die *Sprungantwort*, siehe Abbildung 3.1. Hier sind die Eingangsgröße $u(t)$ und Ausgangsgröße $y(t)$ vor dem Zeitpunkt $t = 0$ konstant bzw. gleich null. Das Fragezeichen ist ein Platzhalter für den Verlauf der Ausgangsgröße $y(t)$ nach dem Zeitpunkt $t = 0$, der Sprungantwort.

Bei der Sprungantwort interessieren uns besonders zwei Aspekte: die zeitliche Entwicklung nach Beginn des Sprungs und der neue Endwert des Ausgangssignals, wenn sehr viel Zeit vergangen ist ($t \to \infty$). Beide werden uns im Folgenden beschäftigen. Die Dynamik eines Systems beschreiben wir mit mathematischen Modellen, den Differentialgleichungen.

https://doi.org/10.1515/9783111573038-003

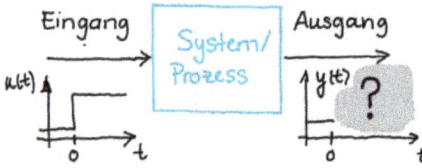

Abb. 3.1: Dynamisches System mit einem Sprung als Eingangssignal $u(t)$. Das Fragezeichen ist ein Platzhalter für die Sprungantwort $y(t)$.

Dynamische Modelle können auf zwei unterschiedliche Arten bestimmt werden:
1. Mithilfe von Grundsätzen aus der Physik, Thermodynamik oder Strömungslehre;
2. Mithilfe von Sprungantwortexperimenten.

Letztendlich werden meist beide Ansätze verfolgt. Physikalische Grundsätze sollten, soweit vorhanden, immer ausgenutzt werden, auch wenn sie nur annähernd gültig sind. Um die daraus entstandenen Modelle zu überprüfen, müssen jedoch fast immer Sprungantwortexperimente durchgeführt werden. Im Folgenden werden wir zunächst Modelle von dynamischen Prozessen mithilfe von verschiedenen Gesetzen der Physik und Thermodynamik bestimmen.

Dazu betrachten wir Beispiele von dynamischen Prozessen, die wir mit Differentialgleichungen beschreiben können. Einige Prozesse sind sehr einfach und genau beschreibbar, während wir bei anderen schnell an die Grenzen der Modellierung stoßen. Bei letzteren werden wir in der Praxis experimentelle Sprungantworten aufnehmen.

3.1 Füllstand in einem Behälter

In Abbildung 3.2 ist ein Behälter schematisch dargestellt, der ein Volumen V einer Flüssigkeit enthält. Das Volumen verändert sich durch einen Zufluss $\dot{V}_{ein}$ und einen Abfluss $\dot{V}_{aus}$. $\dot{V}_{ein}$ und $\dot{V}_{aus}$ sind Volumenströme, die in Volumen pro Zeit gemessen werden, zum Beispiel in m^3 pro h. Es wird angenommen, dass $\dot{V}_{aus}$ konstant ist und $\dot{V}_{ein}$ eingestellt werden kann. Zu beachten ist, dass es sich trotz des Punktes $(\cdot)$ nicht um eine Ableitung handelt, wie mit $\frac{d}{dt}$ ausgedrückt wird. Aus diesem Grund wird ein Volumenstrom oft auch mit w oder mit F für Fluss benannt. Die Einstellmöglichkeit ist in Abbildung 3.2 durch ein Ventil im Zulauf dargestellt.

Der Zusammenhang von Volumen und Zu- bzw. Abfuhr kann mit der folgenden Gleichung beschrieben werden:

$$\frac{dV}{dt} = \dot{V}_{ein} - \dot{V}_{aus}$$

Im laufenden Betrieb wollen wir sicherstellen, dass der Füllstand des Behälters konstant bleibt. Das Volumen ist ein Produkt von variabler Höhe h und gegebener Grundfläche A. Wir gehen davon aus, dass die Grundfläche A die gleiche über die ganze Höhe

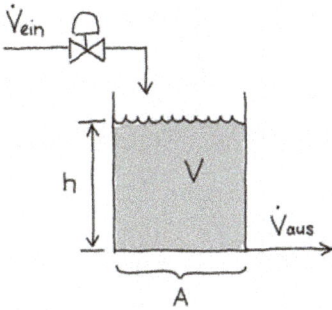

Abb. 3.2: Prozessschema eines Behälters mit Zu- und Ablauf. $\dot{V}_{ein}$ und $\dot{V}_{aus}$ sind Volumenströme, h der Füllstand und A die Grundfläche des Behälters. Das Volumen V wird berechnet in diesem Fall so: Füllstand mal Grundfläche. Das Volumen ist zeitabhängig und muss geregelt werden, um Störschwankungen im Ablauf auszugleichen.

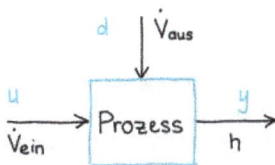

Abb. 3.3: Blockdiagramm einer Füllstandstrecke (Prozess) aus Abbildung 3.2: Eingangsgröße ist der Zulauf $\dot{V}_{ein}$, Ausgangsgröße ist der Füllstand $h(t)$. Der Ablauf $\dot{V}_{aus}$ kann im Beispiel nicht beeinflusst werden und stellt daher eine Störgröße dar.

ist. Dies ist aber nicht für alle Bauformen von Behältern gegeben. (Trichterförmige Behälter oder auf der Seite liegende Trommeln erfüllen diese Bedingung nicht. Für diese Behälter muss ein anderes, nichtlineares Prozessmodell abgeleitet werden.)

$$A\frac{dh}{dt} = \dot{V}_{ein} - \dot{V}_{aus} \tag{3.1}$$

In diesem Prozessmodell ist die Eingangsgröße der einstellbare Zufluss $\dot{V}_{ein}$ und die Ausgangsgröße die Füllhöhe h im Behälter. Da wir den Abfluss $\dot{V}_{aus}$ nicht beeinflussen können, ist dieser eine Störgröße. Das Blockdiagramm der Füllstandsregelung ist in Abbildung 3.3 dargestellt.

Die abgeleitete Gleichung beschreibt das Verhalten des Füllstandes als Funktion des Zu- und Abflusses. Wir können diese Gleichung auf beiden Seiten integrieren und durch die konstante Fläche A teilen. Dann erhalten wir:

$$h = \frac{1}{A}\int \dot{V}_{ein} - \dot{V}_{aus} dt \tag{3.2}$$

Wir nennen den Prozess daher auch einen *integrierenden Prozess*, da der Füllstand das Integral der Durchflüsse ist. Wenn wir den Zufluss sprungartig erhöhen und der

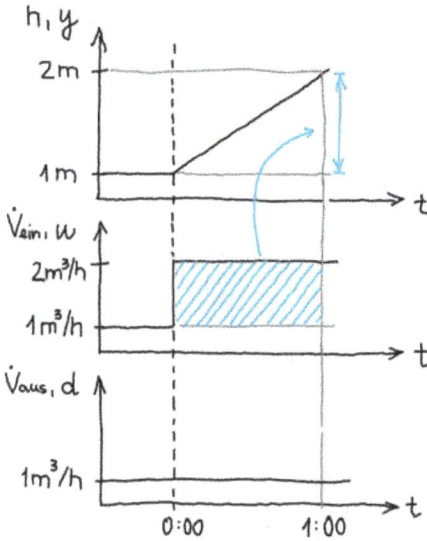

Abb. 3.4: Zeitverläufe der Eingangs-, Ausgangs- sowie Störgröße eines Füllstandsprozesses. Die Störgröße, der Ausfluss $\dot{V}_{aus}$, ist konstant bei $1\,m^3/h$ für den gesamten Zeitraum. Die Eingangsgröße $\dot{V}_{ein}$ wird zum Zeitpunkt $t = 0:00$ von $1\,m^3/h$ auf $2\,m^3/h$ erhöht. Daraus resultiert ein linearer Anstieg der Ausgangsgröße $h(t)$.

Abfluss gleich bleibt, dann wird der Füllstand linear ansteigen. Das Integral einer konstanten Funktion ist die Variable t mal die Konstante $A = 1\,m^3$. Dies ist in Abbildung 3.4 dargestellt.

Dabei wird angenommen, dass vor dem Zeitpunkt 0:00 Zu- und Abfluss jeweils $1\,m^3/h$ sind. Der Füllstand ist dabei $h = 1\,m$. Zum Zeitpunkt $t = 0$ wird das Ventil plötzlich (sprungförmig) geöffnet und der Zufluss erhöht sich dadurch auf $2\,m^3/h$. Innerhalb einer Stunde erhöht sich der Füllstand auf $h = 2\,m$. Dies entspricht genau der Fläche unter der Kurve von 0:00 bis 1:00. Je länger wir warten, desto höher wird der Füllstand. Natürlich wird irgendwann der Behälter überfließen, dieses Überlaufen ist aber nicht in unserem mathematischen Modell enthalten.

> Der Zusammenhang von Zu- oder Ablauf und Füllstände in Behältern mit einer gleichmäßigen Grundfläche A kann durch einen integrierenden Prozess beschrieben werden.

In biologischen Prozessen kommt es häufig zur Schaumbildung. Die Messung des Füllstandes bei Schaum ist dabei genauso schwierig wie die zugrunde liegende Dynamik. Gleichung (3.2) gilt nur für reine Flüssigkeiten, nicht für die Schaumbildung. Der flüssige Füllstand unter einem Schaum kann mit einem magnetostriktiven Messgerät bestimmt werden und der flüssige Füllstand entspricht annähernd Gleichung (3.2).

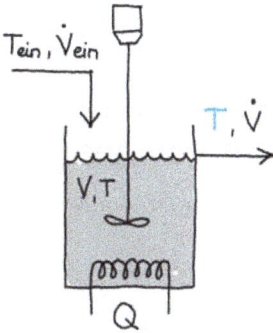

Abb. 3.5: Prozessschema eines geheizten Rührreaktors. Die Temperatur T im Reaktor soll durch die Heizrate $\dot{Q}$ geregelt werden. Störgrößen sind sowohl der Zulauf $\dot{V}_{ein}$ sowie die Temperatur im Zulauf T_{ein}. Der Füllstand wird über einen Überlauf geregelt, sodass das Volumen V konstant bleibt und $\dot{V}_{ein} = \dot{V}$ gilt.

3.2 Massenstrom in einer Rohrleitung

Wollen wir den Massenstrom in einer Rohrleitung regeln, so müssen wir den Zusammenhang zwischen Stellgröße u und Regelgröße y herstellen, siehe Abbildung 2.5. Die Stellgröße ist die Ventilstellung. Bei einem idealen Ventil setzt das Ventil die Stellung linear in einen Massenstrom um. Der Prozess ist daher nur das Stückchen Rohrleitung zwischen dem Massenstromsensor und dem Ventil. Wir können ausgehend, dass der Transport in vernachlässigbar kurzer Zeit geschieht. Gehen wir zudem von einem idealen Messgerät aus, so gilt für den Zusammenhang von Stell- und Regelgröße: $y(t) = u(t)$.

In einem realen Massenstromregler, wie in Abschnitt 2.2 beschrieben, ist das langsamste Element der Sensor. Dies berücksichtigen wir später beim Reglerentwurf in Kapitel 7.

3.3 Temperatur in einem Rührreaktor

Die Temperatur in einem Reaktor zu modellieren ist eine komplexere Aufgabe. Da dies in der Biotechnologie jedoch oft vorkommt, werden wir hier Energiebilanzen aufstellen und die Thermodynamik heranziehen.

Abbildung 3.5 zeigt einen geheizten Rührkessel, in den eine Flüssigkeit zugeführt wird. Der Zulauf besteht aus einer Komponente mit einem Massenstrom $\dot{V}_{ein}$ und einer Temperatur T_{ein}. Ein elektrischer Heizer führt die Heizrate $\dot{Q}$ zu. Das dynamische Modell wird unter den folgenden Annahmen entwickelt:

1. Vollkommene Durchmischung stellt sicher, dass die Temperatur im Kessel auch die Abflusstemperatur ist.
2. Das Volumen im Kessel wird konstant gehalten, da es einen Überlauf gibt, sodass $\dot{m}_{ein} = \dot{m}_{aus}$ sichergestellt wird.
3. Die Dichte ρ ist konstant. Damit gilt $m = \rho V$ und $\dot{m} = \rho \dot{V}$.

4. Die Wärmekapazität c ist konstant. Ihre Temperaturabhängigkeit wird vernachlässigt.
5. Wärmeverluste durch die Außenwände des Behälters und über die Oberfläche sind vernachlässigbar.

Für Prozesse der Bioverfahrenstechnik müssen immer Annahmen getroffen werden, um Modelle aus physikalischen Gleichungen ableiten zu können.

Ziel ist es, die Temperatur im Reaktor T zu beschreiben, da dies unsere Regelgröße y ist. Die Temperatur wird sowohl von der Eingangstemperatur T_{ein} und der Heizrate $\dot{Q}$ abhängen. Dabei ist die Heizrate eine Größe, die wir einstellen können, während die Eingangstemperatur eine Störgröße darstellt. Damit ist Temperatur T die Ausgangsgröße, die von den Eingangsgrößen T_{ein} und $\dot{Q}$ beeinflusst wird.

Im ersten Schritt müssen wir hierzu die Energiebilanz aufstellen. Die Energie der Flüssigkeit im Reaktor wird als innere Energie U bezeichnet. Nach der kalorischen Zustandsgleichung hängt die innere Energie U im Reaktor von der Temperatur im Reaktor ab über

$$U = mcT$$

Die Gesamtenergie U ist größer, je mehr Masse m im Behälter vorhanden ist, je wärmer die Masse ist und je höher die Wärmekapazität c der Flüssigkeit ist.

Die Energie U ändert sich mit den zu- und abgeführten Energieströmen und der Enthalpie dieser Ströme $\dot{H}_{\text{ein}}$ und $\dot{H}_{\text{aus}}$ sowie mit Wärmestrom $\dot{Q}$:

$$\frac{\mathrm{d}U}{\mathrm{d}t} = \dot{H}_{\text{ein}} - \dot{H}_{\text{aus}} + \dot{Q}$$

Für den Zulauf kann auch die kalorische Zustandsgleichung verwendet werden und es gilt

$$\dot{H}_{\text{ein}} = \dot{m}cT_{\text{ein}}$$

da eine ideale Flüssigkeit angenommen wird und der Druck im ganzen Reaktor konstant ist. Damit ist die Enthalpie gleich der inneren Energie.

Am Ablauf wird die gleiche Temperatur wie im Reaktor angenommen, sodass

$$\dot{H}_{\text{ein}} = \dot{m}cT_{\text{aus}} = \dot{m}cT$$

gilt.

Die Gleichungen für die Enthalpien im Zu- und Ablauf kann in die Energiebilanz eingesetzt werden:

$$\frac{\mathrm{d}mcT}{\mathrm{d}t} = \dot{m}cT_{\text{ein}} - \dot{m}cT + \dot{Q}$$

Da m und c zeitunabhängig sind, kann die Differentialgleichung für die Temperatur im Rührreaktor durch die folgende Differentialgleichung ausgedrückt werden:

$$mc\frac{dT}{dt} + \dot{m}cT = \dot{m}cT_{\text{ein}} + \dot{Q} \qquad (3.3)$$

Wir haben hierbei die Terme mit der Ausgangsgröße T auf die linke Seite der Differentialgleichung und die Eingangsgrößen T_{ein} und $\dot{Q}$ auf die rechte Seite geschrieben.

Dies ist eine Differentialgleichung 1. Ordnung. Die allgemeine Form einer Differentialgleichung 1. Ordnung lautet:

$$\tau\frac{dy}{dy} + y = K_p u \qquad (3.4)$$

Dabei ist τ die Zeitkonstante und K_p die Prozessverstärkung. Die Prozessverstärkung gibt an, wie stark die Temperaturänderung durch die angelegte Heizrate $\dot{Q}_0$ verändert wird. Die Zeitkonstante besagt, wie schnell diese Änderung umgesetzt wird, und zwar wird zum Zeitpunkt τ 63 % des Endwertes erreicht.

Damit die Parameter in den Gleichungen (3.3) und (3.4) verglichen werden können, muss der Vorfaktor von y in Gleichung (3.3) auf 1 gebracht werden. Daher wird Gleichung (3.3) durch $\dot{m}c$ geteilt. Durch einen Parametervergleich kann dann die Zeitkonstante als $\tau = \frac{m}{\dot{m}}$ und die Prozessverstärkung als $K_p = \frac{1}{\dot{m}c}$ ausgedrückt werden. Dies bedeutet, dass die Flüssigkeit sich langsamer erhitzt, d. h. τ wird größer, je größer die Masse m und je kleiner der Volumenstrom $\dot{m}$ ist. Dies kann man physikalisch nachvollziehen.

Der Prozess wird stärker aufgeheizt, d. h. K_p ist größer, je kleiner die Wärmekapazität c und je kleiner der Massenstrom $\dot{m}$ ist. Die Herleitung der Differentialgleichung 1. Ordnung war schwierig, die resultierende Gleichung dafür nicht.

Wenn wir den Heizer zum Zeitpunkt $t = 0$ anschalten, ergibt sich das in Abbildung 3.6 dargestellte Verhalten. Die Temperatur steigt sofort und schnell an. Das Wachstum flacht danach ab und die Temperatur stellt sich auf einen neuen Wert ein. Dieser Endwert wird von der zugeführten Heizleistung $\dot{Q}$ sowie von der Prozessverstärkung K_p bestimmt, die sich aus Wärmekapazität c sowie dem Massenstrom $\dot{m}$ berechnet.

3.4 Zellwachstum in einem Bioreaktor

Bioreaktoren finden häufige Anwendung in der Biotechnologie zur Herstellung von Pharmazeutika und Nahrungsmitteln. Diese Reaktoren werden unterschiedlich betrieben. Man unterscheidet zwischen Batch- oder Chargen- und kontinuierlichem (Konti-)betrieb. Im Batchbetrieb finden alle notwendigen Prozessschritte wie zum Beispiel Befüllung, Erwärmung oder Wachstum am gleichen *Ort* statt, jedoch zu anderen Zeitpunkten. Im Kontibetrieb wird das Material über Rohrleitung von einem Prozessschritt zum nächsten transportiert. Dagegen sind die Prozessgrößen über die *Zeit* gleich.

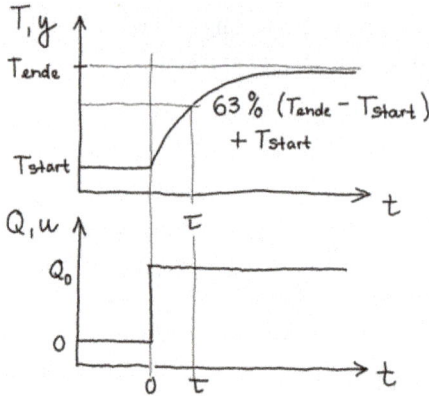

Abb. 3.6: Sprungantwort einer Temperaturheizung in einem Rührreaktor. Die Wärmezufuhr $\dot{Q}$ wird sprungartig hinzugeführt, d. h. $\dot{Q}$ wird von 0 auf $\dot{Q}_0$ erhöht. Damit erhöht sich die Temperatur von einem konstanten Ausgangsniveau T_{start} auf einen neuen Wert T_{ende}. Nach Zeit τ ist 63 % des Endwertes erreicht, d. h. $T(\tau) = T_{start} + 0{,}63(T_{ende} - T_{start})$.

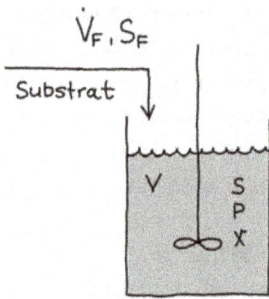

Abb. 3.7: Prozessdiagramm eines Batch-Bioreaktors. S ist die Substratkonzentration, P die Produktkonzentration und X die Zellkonzentration. Das Volumen V erhöht sich durch den Zulauf $\dot{V}_F$. Die Substratzufuhrkonzentration wird mit S_F bezeichnet.

Industrielle Bioreaktoren haben meist sowohl eine Batch- als auch eine Konti-Komponente. Zum Beispiel gibt es eine Anfahrphase, die wie ein Batchprozess verläuft. Anschließend müssen Prozessgrößen konstant gehalten werden. Der Prozess befindet sich dann im kontinuierlichen Betrieb. In der Anfahrphase wird einer kleinen Menge Zellen Substrat zugeführt. Dieses Substrat wächst zu Zellen und ein Produkt entsteht. Die kontinuierliche Phase des Prozesses muss geregelt werden. Dazu müssen wir den Prozess mit dynamischen Modellen beschreiben. Die dynamischen Modelle können Differentialgleichung sein, wie im Textbuch von Seborg et al. [15] beschrieben und im Folgenden erläutert wird.

Abbildung 3.7 zeigt einen Batch-Bioreaktor, in dem ein Substrat in den Reaktor gefüllt wird. Der Massenfluss wird mit $\dot{V}$ und die Substratkonzentration der Zufuhr wird mit S_F bezeichnet. V bezeichnet das Gesamtvolumen von Produkt, Zellen und Substrat im Reaktor. Mit X, P und S wird die Konzentration der Zellen, des Produktes und des Substrates beschrieben. Unsere Aufgabe besteht darin, ein Modell zu finden, dass die Dynamik der Konzentrationen sowie die Dynamik des Volumens abhängig vom Massenzufluss $\dot{V}$ beschreibt. Wir können den Massenfluss einstellen, um die Konzentration des Produktes zu optimieren.

Zur Modellbildung werden folgende Annahmen getroffen:

1. Das Zellenwachstum ist exponentiell.
2. Im Reaktor herrscht vollständige Durchmischung.
3. Wärmeeffekte beim Wachstum können vernachlässigt werden.
4. Die Dichte ist konstant.
5. Die Brühe im Bioreaktor besteht sowohl aus Flüssigkeit und festem Zellmaterial. Diese heterogene Mischung kann als Flüssigkeit angenähert werden.
6. Die Wachstumsrate kann durch $r_X = \mu X$ angenähert werden, wobei X die Zellenmasse ist und μ die spezifische Wachstumsrate, die durch die Monod-Gleichung bestimmt wird: $\mu = \mu_{\max} \frac{S}{K_S + S}$. Hierbei ist S die Substratmasse, $\mu_{\max}$ die maximale Wachstumsrate und K_S die Monod-Konstante.
7. Die Produktionsrate pro Volumen kann durch $r_P = Y_{P|X} r_X$ ausgedrückt werden. Dabei ist $Y_{P|X}$ das Verhältnis von der Masse neuen Produktes zu der Masse neuer Zellen.
8. $Y_{X|S}$ ist das Verhältnis von Masse neuer Zellen zu der Masse des Substrates.

Basierend auf diesen Annahmen kann das Gleichgewicht der Komponenten wie folgt beschrieben werden.

Für die Zellenmasse gilt:

$$\frac{\mathrm{d}XV}{\mathrm{d}t} = V r_X$$

Für die Produktmasse gilt:

$$\frac{\mathrm{d}PV}{\mathrm{d}t} = V r_P$$

Für die Substratmasse gilt:

$$\frac{\mathrm{d}SV}{\mathrm{d}t} = \dot{V} S_F - \frac{1}{Y_{X|S}} V r_P$$

Für das Volumen gilt:

$$\frac{\mathrm{d}V}{\mathrm{d}t} = \dot{V}$$

Die Gleichungen hier sind alle Differentialgleichungen 1. Ordnung. Allerdings handelt es sich hier um ein Mehrgrößenproblem, dass den Rahmen dieses Buches sprengt.

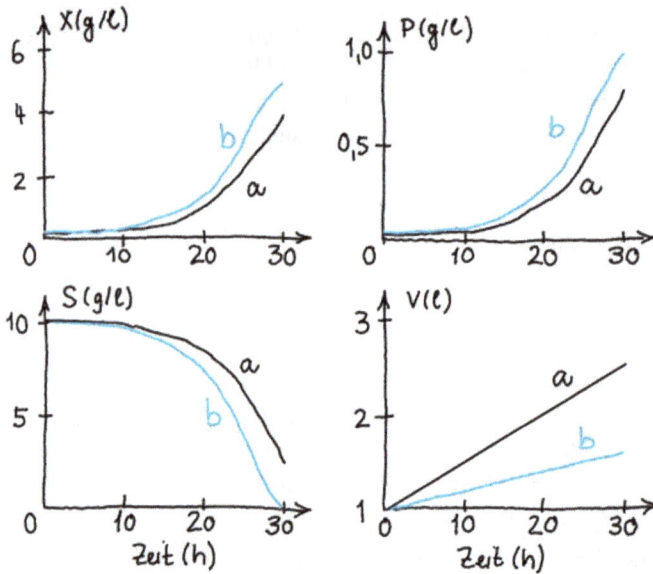

Abb. 3.8: Entwicklung der Konzentration von Substrat S, Produkt P und Zellen X sowie dem Massen-volumen V in einem Batch-Bioreaktor, [15]. Das Volumen wird kontinuierlich erhöht. Es werden zwei unterschiedliche Zulaufraten $\dot{V}$ betrachtet: (a) 0,05 l/h und b) 0,02 l/h).

Trotzdem können wir die simulierten Entwicklungen der vier Regelgrößen betrachten, wenn Substrat ab dem Zeitpunkt $t = 0$ zugegeben wird, siehe Abbildung 3.8. Es wurden zwei Experimente simuliert: Die Zufuhr von Substrat mit 0.05 l/h (Liter pro Stunde) ergibt Kennlinien a) und eine Zufuhr mit 0.02 l/h ergibt Kennlinien b).

Es kann beobachtet werden, dass das Substrat über die Zeit exponentiell abnimmt, bis es vollständig aufgebraucht ist ($S = 0$). Dieser Zeitpunkt ist im Fall b) nach 30 Stunden erreicht, im Fall a) etwas später. Das Volumen V der Gesamtmasse wächst in diesem Zeitraum im Fall a) auf 2,5 Liter und im Fall b) auf 1,6 Liter an. Dabei entsteht im Fall a) 0,8 g/l Produkt und im Fall b) 1 g/l Produkt. Die Gesamtmasse in Fall a) ist 2 g und im Fall b) 1,6 g.

3.5 Allgemeine Differentialgleichungen

Die Modellierung der Prozessdynamik nach physikalischen Grundprinzipien gestaltet sich in der Biotechnologie nicht immer leicht, wie in Abschnitten 3.3 und 3.4 gezeigt wurde. Oft werden daher Sprungantwortexperimente durchgeführt und nicht Gleichungen aufgestellt. In beiden Fällen – Modellbildung aus Grundprinzipien oder Experimenten – beschreiben wir die Dynamik mit Differentialgleichungen.

Dabei versuchen wir immer, die Prozesse mit Differentialgleichungen linearer Form, oder auch gewöhnlichen Differentialgleichungen zu beschreiben. Eine gewöhnliche Differentialgleichung n-ter Ordnung hat die folgende allgemeine Form:

$$a_n \frac{d^n y}{dt} + a_{n-1} \frac{d^{n-1} y}{dt} + \cdots + a_1 \frac{dy}{dt} + a_0 y$$
$$= b_m \frac{d^m u}{dt} + b_{m-1} \frac{d^{m-1} u}{dt} + \cdots + b_1 \frac{du}{dt} + b_0 u$$

$$(3.5)$$

Für physikalisch realisierbare Prozesse ist die Ordnung m der Eingangsvariable u immer kleiner oder gleich der Ordnung n der Ausgangsgröße y. Diese allgemeine Form verwenden wir im Weiteren nicht, sondern beschäftigen uns mit Systemen 1. oder 2. Ordnung.

> Systeme höherer Ordnung können aus Systemen 1. und 2. Ordnung zusammengesetzt werden können. Ein System 3. Ordnung kann zum Beispiel aus einem System 1. und einem System 2. Ordnung zusammengestellt werden, oder aus drei Systemen 1. Ordnung.

Im Beispiel der Temperatur in einem Rührreaktor galt der folgende Zusammenhang:

$$\frac{m}{\dot{m}} \frac{dT}{dt} + T = \frac{1}{c\dot{m}} u$$

Dies hatten wir in der folgenden Form in Gleichung (3.4) ausgedrückt:

$$\tau \frac{dy}{dy} + y = K_p u$$

Dies ist eine Differentialgleichung 1. Ordnung nach Gleichung (3.5) ist:

$$a_1 \frac{dy}{dy} + a_0 = b_0 u$$

mit $a_1 = \tau$, $a_0 = 1$ und $b_0 = K_p$. Die Normierung der Gleichung (3.4) auf $a_0 = 1$ wurde vorgenommen, damit die Zeitkonstante τ aus dem Zeitverlauf wie in Abbildung 3.6 abgelesen werden kann.

In Abschnitt 3.1 wurde der Füllstand eines Behälters modelliert. Die Differentialgleichung, die den Füllstand $h = y$ als Funktion des Zulaufs $F_{ein} = u$ beschreibt, lautete nach Gleichung (3.1)

$$A \frac{dh}{dt} = \dot{V}_{ein}$$

Wir gehen hier davon aus, dass der Zufluss konstant ist und daher gilt $\dot{V}_{aus} = 0$.

Die Gleichung des Füllstands ist ebenfalls eine Differentialgleichung 1. Ordnung der Form mit $h = y$, $\dot{V}_{ein} = u$, $a_1 = A$, $a_0 = 0$ und $b_0 = 1$. Diese Differentialgleichung unterscheidet sich vom vorherigen Beispiel durch eine Besonderheit: $a_0 = 0$. Ein System 1. Ordnung mit $a_0 = 0$ und $a_1 \neq 0$ und $b_0 \neq 0$ bezeichnen wir als ein *Integrierglied*. Es hat die folgende Form:

$$a_1 \frac{dy}{dt} = b_0 u$$

Teilen wir diese Gleichung durch a_1, so erhalten wir

$$\frac{dy}{dt} = K_v u$$

Den Parameter K_v nennen wir die Geschwindigkeitsverstärkung. Sie gibt an, wie schnell die Prozessgröße y bei einer gegebenen Stellgröße u ansteigt. K_v kann auch negativ sein. Dies bedeutet dann, dass die Prozessgröße sinkt, wenn die Stellgröße positiv verändert wird.

Wir werden uns in den Abschnitten der nächsten Kapitel mit Systemen 1. und 2. Ordnung beschäftigen und auch das Integrierglied genauer betrachten.

3.6 Aufgaben

Aufgabe 3.1. Ein Behälter mit der Grundfläche $A = 20\,\mathrm{dm}^2$ ist mit $60\,\mathrm{l}$ Wasser gefüllt. Zum Zeitpunkt $t = 10\,\mathrm{s}$ wird das Abflussventil des Behälters geöffnet, um diesen zu entleeren, siehe Abbildung 3.9. Ein Durchflusssensor misst den Volumenstrom während des Leerens mit 2 Liter pro Sekunde.

(a) Skizziere den Zeitverlauf des Füllstands.

(b) Der Behälter wird nun über einen Zulauf befüllt und kann über den Ablauf entleert werden. Im Betrieb soll der Füllstand über den Ablauf geregelt werden. Gebe die Eingangs- und die Ausgangsgröße des zu regelnden Prozesses an sowie die Differentialgleichung, die das dynamische Verhalten von Eingangs- und Ausgangsgröße beschreibt.

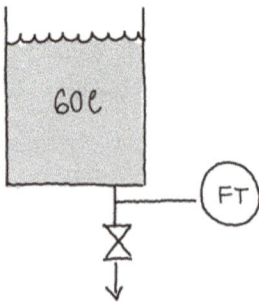

Abb. 3.9: Prozessbild eines zu leerenden Behälters aus Aufgabe 3.1.

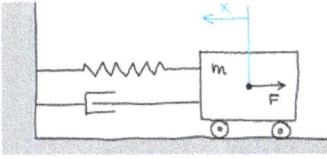

Abb. 3.10: Prozessbild eines Masse-Feder-Dämpfer-Systems in Form eines Gewichtes, das sich auf einem Wagen befindet und über eine Feder mit einer Wand verbunden ist aus Aufgabe 3.2.

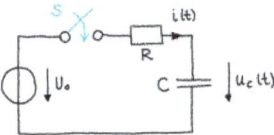

Abb. 3.11: Das Blockschaltbild eines RC-Stromkreises, der über einen Schalter S mit einer Spannungsquelle verbunden werden kann aus Aufgabe 3.3.

(c) Diskutiere, welchen Einfluss die Grundfläche A des Tanks auf die Dynamik des Systems hat.

Aufgabe 3.2. Ein Gewicht auf einem Wagen ist an einer gedämpften Stahlfeder angebracht, siehe Abbildung 3.10. An der Masse wird mit einer Kraft F gezogen und die Feder dadurch um 10 cm ausgedehnt. Zum Zeitpunkt $t = 0$ wird die Masse losgelassen. Die Reibung des Wagens soll vernachlässigt werden.
(a) Überlege zunächst, welche Prozessgröße die Eingangs- und welche die Ausgangsgröße ist.
(b) Stelle danach die Differentialgleichung des Feder-Masse-Dämpfer-Systems auf. Benutze physikalische Prinzipien einer Feder und eines Dämpfers.
(c) Skizziere den Zeitverlauf der Auslenkung der Masse.
(d) Überlege, wie sich die Dynamik verändert, wenn eine größere Masse auf den Wagen gelegt wird. Wird das System schneller oder langsamer?

Aufgabe 3.3. In einem elektrischen Stromkreis wird ein Kondensator C über einen Widerstand R mit einer Gleichstromspannungsquelle U_0 aufgeladen, siehe Abbildung 3.11. Der Kreis wird zum Zeitpunkt $t = 0$ über den Schalter S geschlossen. Die Ausgangsgröße ist die Spannung, die über den Kondensator abfällt. Die Eingangsgröße ist die Spannungsquelle mit einer Gleichspannung U_0.
(a) Stelle die Differentialgleichung des Stromkreises auf. Benutze dazu Gesetze aus der Elektrotechnik.
(b) Skizziere den Zeitverlauf der Eingangs- und der Ausgangsgröße.

Aufgabe 3.4. Eine Differentialgleichung 1. Ordnung kann mit Gleichung (3.4) beschrieben werden:

$$\tau \frac{dy}{dy} + y = K_p u$$

Die Modellierung eines Prozesses hat die folgende Differentialgleichung ergeben:

$$9 \frac{dy}{dy} + 2y = 6u$$

Bestimme die Zeitkonstante τ und die Prozessverstärkung K_p des modellierten Prozesses.

Aufgabe 3.5. Ein mit einer Flüssigkeit gefüllter Tank mit der Grundfläche A wird über ein festes Ventil geleert, siehe Abbildung 3.12. Der Durchfluss durch das feste Ventil ist $\dot{V}_{aus}$ und hängt vom Füllstand h ab. Wir nehmen vereinfacht an, dass diese Abhängigkeit mit $\dot{V}_{aus} = bh$ beschrieben werden kann. b ist dabei eine Konstante, die von der Stellung des festen Ventils abhängt. Der Füllstand soll über den Zulauf $\dot{V}_{ein}$ geregelt werden.
(a) Gib an, welche Prozessgröße die Eingangs- und welche die Ausgangsgröße des Prozesses ist.
(b) Stelle die Differentialgleichung auf, die den Prozess beschreibt.
(c) Die Grundfläche A ist 300 cm^2, die Konstante b wurde mit 30 cm^2/s berechnet. Der Zulauf wird zum Zeitpunkt $t = 0$ aufgemacht und es strömen $\dot{V}_{ein} = 40$ cm^3/s in den Behälter. Skizziere die Sprungantwort des Prozesses. Beschrifte und skaliere x- und y-Achse.

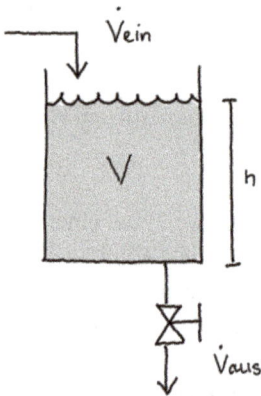

Abb. 3.12: Tank mit Zulauf und Ablauf, dessen Durchfluss durch ein festes Ventil bestimmt wird aus Aufgabe 3.5.

4 Dynamische Prozesse im Frequenzbereich

In Kapitel 3 haben wir gesehen, wie Differentialgleichungen das dynamische Verhalten von Prozessen und Systemen beschreiben können. Damit bilden wir Eingangs- auf Ausgangsgrößen über die Zeit ab. Auch in diesem Kapitel beschäftigen hauptsächlich mit den gewöhnlichen Differentialgleichungen, die wir bisher kennengelernt haben, und mit Prozessen, dessen Eingangsgröße ein Sprung war. Allerdings verlassen wir dafür den Zeitbereich und befassen uns mit Frequenzen.

Wir wollen also den Ausgang $y(t)$ für bestimmte Eingänge $u(t)$ herausfinden. Zum Beispiel: Wie verändert sich die Temperatur in einem geheizten Rührbehälter, wenn ich mehr Heizleistung hinzufüge? Eine Differentialgleichung beschreibt dies. Jedoch können wir die Differentialgleichung nicht einfach nach y auflösen, da wir Differentiale nicht wie zum Beispiel algebraische Gleichungen umformen können. Wir haben also in Kapitel 3 ein Modell unseres Prozesses erstellt, mit dem wir erst einmal nichts anfangen können.

Pierre-Simon Marquis de Laplace war ein einflussreicher, französischer Wissenschaftler, der Ende des 18. Jahrhunderts Differentialgleichungen studierte. Dank ihm können wir Differentialgleichungen in lösbare, algebraische Gleichungen umwandeln. Das mathematische Hilfsmittel dazu ist die Laplace-Transformation, die von ihm entwickelt wurde, um Integrale und Differentiale zu lösen. Die Kosten, die wir für die Lösung in Kauf nehmen müssen, ist eine Transformation in den *Frequenzbereich*. Dies bedeutet, dass wir eine Zeitfunktion nicht mehr im Zeitbereich betrachten, sondern über einen Frequenzbereich, der *komplex* sein kann. Die Frequenz selbst ist ebenfalls eine komplexe Zahl.

Im Verlauf dieses Kapitels betrachten wir zuerst die Laplace-Transformation und ihre Eigenschaften wie zum Beispiel den Endwertsatz. Danach werden die Laplace Transformierten von wichtigen Signalen eingeführt. Differentialgleichungen können ebenfalls transformiert und in Übertragungsfunktionen umgewandelt werden. Hierbei spielt die Frage der Stabilität eines dynamischen Systems eine wichtige Rolle. Stabilität wird ebenfalls in diesem Kapitel definiert.

4.1 Laplace-Transformation

Die Laplace-Transformation einer Zeitfunktion $f(t)$ ist als das folgende Integral definiert:

$$F(s) = \mathcal{L}\{f(t)\} = \int_0^\infty f(t)e^{-st}\,dt \tag{4.1}$$

Dabei ist zu beachten, dass die Annahme getroffen wird, dass alle Funktionen *vor* dem Zeitpunkt $t = 0$ gleich 0 sind. Diese Annahme kann ohne Beeinträchtigung der

https://doi.org/10.1515/9783111573038-004

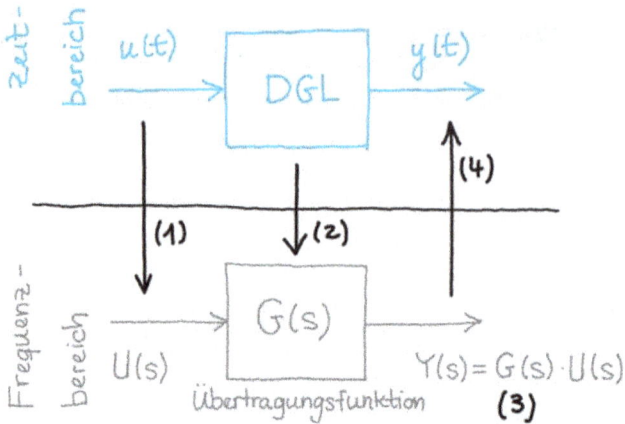

Abb. 4.1: Umwandlung von Signalen und Systemen in den Frequenzbereich und zurück, um aus $u(t)$ den Ausgang $y(t)$ zu berechnen. In (1) wird das Eingangssignal $u(t)$ in den Frequenzbereich umgewandelt, in (2) die Differentialgleichung DGL, die den Prozess beschreibt in $G(s)$. In (3) wird das Produkt berechnet, um das Ausgangssignal $Y(s)$ zu berechnen, in (4) erfolgt die Rücktransformation zu $y(t)$ im Zeitbereich.

Allgemeinheit getroffen werden, da der Anfangswert zum Zeitpunkt $t = 0$ um ein Ausgangsniveau additiv verschoben werden kann. Die Zeitfunktion $f(t)$ muss ab dem Zeitpunkt $t = 0$ bekannt sein – und zwar für alle Zeiten ($t \rightarrow \infty$).

Die Frequenz s ist dabei eine komplexe Zahl und kann durch ihren Real- und Imaginärteil ausgedrückt werden:

$$s = \sigma + j\omega \tag{4.2}$$

mit den realen Zahlen σ und ω. Die inverse Laplace-Transformation beschreibt den Rückweg vom Frequenz- in den Zeitbereich und lautet:

$$f(t) = \mathcal{L}^{-1}\{F(s)\} = \frac{1}{2\pi j} \int\limits_{-\infty}^{\infty} F(s)e^{st}\mathrm{d}t \tag{4.3}$$

Wir benutzen sowohl die Laplace- als auch die inverse Laplace-Transformation, um die Ausgangsgröße eines dynamischen Systems zu berechnen. Dabei beschreiten wir den Weg, der in Abbildung 4.1 schrittweise beschrieben ist und der zwischen Zeit- und Frequenzbereich wechselt.

Im ersten Schritt (1) wird die Eingangsgröße $u(t)$ über die Laplace-Transformation in den Frequenzbereich umgewandelt und als $U(s)$ angegeben. Im zweiten Schritt (2) wird der Prozess, der mit einer Differentialgleichung (DGL) beschrieben ist, umgewandelt. Wir machen uns dabei die Eigenschaft zunutze, dass Differentiale im Frequenzbereich nur eine Multiplikation mit s bedeuten. Die DGL wird damit zu einer *Übertragungsfunktion*, die wir mit $G(s)$ bezeichnen.

Im dritten Schritt (3) kann das Ausgangssignal im Frequenzbereich $Y(s)$ durch eine einfache Multiplikation von Eingangsgröße und System berechnet werden. Dieses Umstellen der Gleichung ist nur im Frequenzbereich möglich und einer der wichtigen Gründe, warum wir die Laplace-Transformation benutzen. Im vierten und letzten Schritt (4) wird die Ausgangsgröße im Frequenzbereich $Y(s)$ durch eine inverse Laplace-Transformation wieder zurück in den Zeitbereich verwandelt. Die Zeitgröße $y(t)$ ist die Ausgangsgröße, die wir berechnen wollen.

Die Laplace-Transformation wird also allgemein benutzt, um gewöhnliche Differentialgleichungen in algebraische und damit meist leicht lösbare Gleichungen umzuwandeln.

An dieser Stelle ist ein Hinweis wichtig: Wir geben die Definition der Laplace-Transformation in Gleichung (4.1) sowie die der inversen Transformation in Gleichung (4.3) der Vollständigkeit halber an. Wir müssen diese Integrale jedoch nicht ausrechnen. Stattdessen verwenden wir Transformationstabellen typischer Signale, die Mathematiker vor uns für uns gelöst haben. Eine sehr vollständige Zusammenstellung von Laplace-Transformationen bestimmter Signale ist zum Beispiel im Taschenbuch der Mathematik von Bronstein et al. das zurzeit in der 11. Auflage erschienen ist [3]. In Tabelle 4.1 sind die wichtigsten Laplace-Transformationen für die hier behandelten dynamischen Systeme 1. und 2. Ordnung zusammengestellt.

> Die Laplace-Transformation sowie die inverse Laplace-Transformation aller Beispiele in diesem Buch werden über Tabelle 4.1 und nicht über Lösen des Laplace-Integrals bestimmt.

Im Folgenden werden die in Abbildung 4.1 dargestellten Schritte am Beispiel eines Prozesses 1. Ordnung beschrieben. Zudem wird eine wichtige Eigenschaft der Laplace-Transformation, der Endwertsatz, eingeführt.

Beispiel (Sprungantwort eines PT$_1$-Prozesses). In diesem Beispiel wird auf einen Prozess 1. Ordnung ein Sprung als Eingangsgröße $u(t)$ angewandt wird, d.h. wir möchten die *Sprungantwort* des Prozesses berechnen und die Ausgangsgröße $y(t)$ bestimmen. Dabei verwenden wir die Differentialgleichung des Systems und des Sprunges. Wir nehmen an, dass die Differentialgleichung in der Form aus Gleichung 3.4 gegeben ist.

Schritt (1) Im ersten Schritt müssen wir die Laplace-Transformierte eines Sprunges kennen, da das Eingangssignal $u(t)$ ein Sprung ist. Ein Einheitssprung, das heißt eine Sprungfunktion mit der Höhe 1, ist definiert als

$$u(t) = s(t) = \begin{cases} 1, & \text{if } t \geq 0 \\ 0, & \text{if } t < 0 \end{cases} \tag{4.4}$$

Die Laplace-Transformierte eines Sprunges ist nach Gleichung 2 in Tabelle 4.1

$$\mathcal{L}\{u(t)\} = U(s) = \frac{1}{s}$$

Tab. 4.1: Laplace-Transformationen von Signalen, die in der Regelungstechnik oft benötigt werden [15].

No	$f(t)$	$F(s)$
1	$\delta(t)$ (Delta Impuls)	1
2	$s(t)$ (Sprungfunktion)	$\dfrac{1}{s}$
3	t (Rampe)	$\dfrac{1}{s^2}$
4	e^{-bt}	$\dfrac{1}{s+b}$
5	e^{+bt}	$\dfrac{1}{s-b}$
6	$\dfrac{1}{\tau}e^{-t/\tau}$	$\dfrac{1}{\tau s+1}$
7	$\dfrac{1}{\tau}e^{+t/\tau}$	$\dfrac{1}{\tau s-1}$
8	$1-e^{-t/\tau}$	$\dfrac{1}{s(\tau s+1)}$
9	$\dfrac{1}{\tau_1-\tau_2}\left(e^{-t/\tau_1}-e^{-t/\tau_2}\right)$	$\dfrac{1}{(\tau_1 s+1)(\tau_2 s+1)}$
10	$1+\dfrac{1}{\tau_2-\tau_1}\left(\tau_1 e^{-t/\tau_1}-\tau_2 e^{-t/\tau_2}\right)$	$\dfrac{1}{s(\tau_1 s+1)(\tau_2 s+1)}$
11	$\sin\omega t$	$\dfrac{\omega}{s^2+\omega^2}$
12	$\cos\omega t$	$\dfrac{s}{s^2+\omega^2}$
13	$\dfrac{\omega_0}{\sqrt{1-d^2}}e^{-d\omega_0 t}\sin\left(\sqrt{1-d^2}\,\omega_0 t\right)$	$\dfrac{\omega_0^2}{s^2+2d\omega_0 s+\omega_0^2}$
14	$1-\dfrac{\omega_0}{\sqrt{1-d^2}}e^{-d\omega_0 t}\sin\left(\sqrt{1-d^2}\,\omega_0 t+\psi\right)$	$\dfrac{\omega_0^2}{s(s^2+2d\omega_0 s+\omega_0^2)}$
	$\psi=\tan^{-1}\dfrac{\sqrt{1-d^2}}{d}$	
15	$\dfrac{df}{dt}$	$sF(s)$
16	$\int f(t)dt$	$\dfrac{1}{s}F(s)$
17	$f(t-T_t)$	$F(s)e^{-T_t s}$
18	$e^{-at}f(t)$	$F(s+a)$

Schritt (2) Danach müssen wir die Differentialgleichung eines Prozesses 1. Ordnung transformieren, die lautet: $\tau\frac{dy}{dt}+y=K_p u$. Um dies umformen zu können, müssen wir wissen, dass die Laplace-Transformation eines Differentials wie folgt ist (siehe Gleichung 15 in Tabelle 4.1):

$$\mathcal{L}\left\{\frac{dy}{dt}\right\}=sY(s)$$

Damit können wir eine Differentialgleichung zu einer algebraischen Gleichung umformen:

$$\tau s Y(s) + Y(s) = K_p U(s)$$

Schritt (3) Diese Gleichung können wir nach $Y(s)$ auflösen, indem wir zunächst die gemeinsamen Terme ausklammern:

$$(\tau s + 1) Y(s) = K_p U(s)$$

Und danach die Gleichung durch den Faktor $(\tau s + 1)$ teilen:

$$Y(s) = \frac{K_p}{\tau s + 1} U(s)$$

Der Bruch $\frac{K_p}{\tau s + 1}$ ist die algebraische Form der Differentialgleichung 1. Ordnung und wird als Übertragungsfunktion $G(s)$ bezeichnet. In diesem Schritt setzen wir nun auch die Laplace-Transformierte der Eingangsfunktion ein und erhalten:

$$Y(s) = \frac{K_p}{s(\tau s + 1)} \tag{4.5}$$

Dies ist die Laplace-Transformierte der Ausgangsfunktion eines Systems 1. Ordnung mit einem Sprung als Eingangssignal.

Schritt (4) Im letzten Schritt benutzen wir wieder Tabelle 4.1 und suchen eine Transformation heraus, die unsere Funktion strukturell beschreibt. D. h. wir brauchen eine Transformation eines Bruches, bei dem im Zähler eine konstante und im Nenner ein Polynom 2. Ordnung steht. Die am besten geeignete Transformation in Tab. 4.1 ist Gleichung 7. Der konstante Vorfaktor K_p wird sowohl im Frequenz- als auch im Zeitbereich multiplikativ davor gesetzt.

$$y(t) = K_p(1 - e^{-t/\tau}) \tag{4.6}$$

Diesen Zeitverlauf kennen wir bereits von der Temperaturregelung aus Abschnitt 3.3. Der Zeitverlauf der Sprungfunktion eines Prozesses 1. Ordnung ist in Abbildung 4.2 dargestellt. In dieser Abbildung sind die einzelnen mathematischen Operationen aufgezeichnet.

Im obersten Graph ist die Funktion $e^{-t/\tau}$ aufgetragen. Dabei hilft die Zeitkonstante τ, die Krümmung abzuschätzen. Es gibt zwei Möglichkeiten, die Zeitkonstante einzutragen. In der ersten Methode setzen wir $t = \tau$ in $e^{-t/\tau}$ ein und erhalten den Wert $e^{-1} = 1/e = 0{,}37$. Die abklingende e-Funktion muss durch diesen Punkt gehen. In der zweiten Methode berechnen wir die Steigung zum Zeitpunkt $t = 0$: Die Ableitung von $e^{-t/\tau}$ ist $-\frac{1}{\tau}e^{-t/\tau}$ und zum Zeitpunkt $t = 0$ beträgt diese den Wert $-\frac{1}{\tau}$. Diese Steigungsgerade schneidet zum Zeitpunkt $t = \tau$ die x-Achse, siehe Abbildung 4.2.

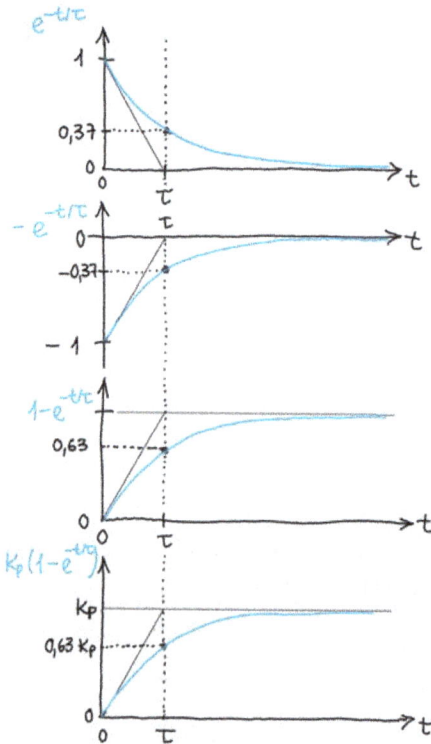

Abb. 4.2: Zeitverläufe der Funktionen $e^{-t/\tau}$, $-e^{-t/\tau}$, $1 - e^{-t/\tau}$ und $K_p(1 - e^{-t/\tau})$.

Im zweiten Graphen in der Abbildung ist die negative Funktion $-e^{-t/\tau}$ dargestellt. Zum Zeitpunkt $t = \tau$ hat diese den Wert $-0{,}37$. Im dritten Graphen wird zu der negativen Funktion 1 hinzugezählt: $1 - e^{-t/\tau}$. Diese Funktion hat zum Zeitpunkt $t = \tau$ den Wert $1 - 0{,}37 = 0{,}63$. Man sagt deshalb auch, dass die Zeitkonstante τ bei 63 % des Endwertes abgelesen werden kann. Dieser Wert begegnet uns auch in den kommenden Kapiteln. Die unterste Abbildung zeigt die mit K_p skalierte und uns schon bekannte Funktion $y(t)$.

Endwertsatz. Neben dem dynamischen Verhalten eines Prozesses interessiert uns der stationäre Endwert, den $y(t)$ aufgrund der Wirkung der Eingangsgröße nach langer Zeit annimmt. Für einen Prozess 1. Ordnung können wir den Endwert nach Anwendung eines Einheitssprungs bestimmen, indem wir den Grenzwert der im vorherigen Abschnitt berechneten Zeitfunktion aus Gleichung (4.6) berechnen:

$$\lim_{t \to \infty} y(t) = \lim_{t \to \infty} K_p(1 - e^{-t/\tau})$$

Wir wissen, dass die Funktion e^{-at} gegen 0 geht, wenn $t \to \infty$. Daraus folgern wir

$$\lim_{t \to \infty} y(t) = K_p$$

Für kompliziertere Funktionen und im Allgemeinen hilft uns zur Bestimmung des Grenzwertes der *Endwertsatz*. Dieser Satz schließt den Grenzwert aus dem Grenzwert der Laplace-Transformierten:

Endwertsatz

$$\lim_{t \to \infty} y(t) = \lim_{s \to 0} sY(s) \qquad (4.7)$$

Im Beispiel der Sprungantwort eines PT_1-Prozesses hatten wir $Y(s)$ in Gleichung (4.5) berechnet. Wenden wir den Endwertsatz an, so erhalten wir den von uns bereits berechneten Endwert K_p.

$$\lim_{t \to \infty} y(t) = \lim_{s \to 0} sY(s) = \lim_{s \to 0} s \frac{K_p}{s(\tau s + 1)} = \lim_{s \to 0} \frac{K_p}{\tau s + 1} = K_p$$

Wenn wir $Y(s) = G(s)U(s)$ gegeben haben und $u(t) = s(t)$, d. h. ein Einheitssprung ist, dann können wir einsetzen und erhalten:

$$\lim_{t \to \infty} y(t) = \lim_{s \to 0} G(s) \qquad (4.8)$$

Der Endwertsatz gilt nur für Prozesse und Signale, die gegen einen endlichen Endwert gehen. Diese Prozesse und Signale nennen wir *stabil*. Das Konzept von Stabilität betrachten wir in Abschnitt 4.5.

Übung. Eine Übertragungsfunktion ist als Prozess 2. Ordnung gegeben:

$$G(s) = \frac{8s^2 + 4s + 3}{2s^2 + 7s + 1}$$

Berechne den Endwert, den die Ausgangsgröße $y(t)$ annimmt, wenn die Eingangsgröße ein Sprung mit der Höhe 5 ist: $u(t) = 5s(t)$.

Lösung. Für einen Einheitssprung gilt die Gleichung (4.8). Hier wird ein Sprung mit der Höhe 5 verwendet, deshalb ist hier

$$\lim_{t \to \infty} y(t) = \lim_{s \to 0} 5G(s) = 5 \lim_{s \to 0} \frac{8s^2 + 4s + 3}{2s^2 + 7s + 1} = 5 \frac{3}{1} = 15$$

Das bedeutet, dass der in $G(s)$ definierte Prozess auf den Wert 15 einstellt, wenn wir einen Sprung der Höhe 5 anwenden und lange genug warten, bis alle flüchtigen Erscheinungen abgeklungen sind.

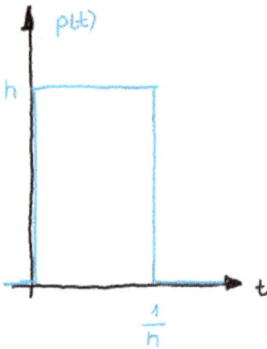

Rechteckiger Puls $p(t)$ als Eingangsgröße mit Höhe h und Weite $\frac{1}{h}$. Geht h gegen unendlich, so erhält man einen Dirac-Puls von unendlicher Höhe und unendlicher Kürze.

4.2 Wichtige Eingangssignale

In Schritt (1) in Abbildung 4.1 transformieren wir das Eingangssignal $u(t)$. Wir sind bisher davon ausgegangen, dass wir einen Sprung als Eingangssignal haben. Dies ist oft der Fall, da wir meist ein Ventil aufdrehen oder die Drehzahl einer Pumpe plötzlich erhöhen. Die Laplace-Transformierte eines Sprunges ist laut Tabelle 4.1

$$U_S(s) = \frac{1}{s}$$

In einigen Ausnahmen gibt es aber auch andere Eingangsgrößen, die wir auf unseren Prozess anwenden. Zum Beispiel kann ein rechteckiger Puls als Eingangssignal verwendet werden. Praktisch kann dies bedeuten, dass eine Farbe oder *Tracer* dem Zulauf eines Tanks beigegeben wird, um herauszufinden, wie lange es dauert, bis die Farbe sich verteilt und am Ausfluss auftritt. Solch ein Tracer-Puls ist in Abbildung 4.3 dargestellt. Ein solcher Puls kann wie folgt mathematisch beschrieben werden:

$$p(t) = \begin{cases} h, & \text{wenn } 0 \le t \le \frac{1}{h} \\ 0, & \text{wenn } t < 0 \text{ oder } t > \frac{1}{h} \end{cases} \tag{4.9}$$

Wir können den Puls in zwei Sprungfunktionen zerlegen: einen positiven Sprung der Höhe h zum Zeitpunkt $t = 0$ und einen negativen Sprung der Höhe $-h$ zum Zeitpunkt $t = 1/h$. Der negative Sprung ist zeitverzögert, d. h. $s(t-1/h)$. (Zeitverzögerungen werden immer subtrahiert). Der Puls hat damit die Zeitfunktion

$$p(t) = hs(t) - hs(t - 1/h)$$

Diese Funktion können wir in den Laplace-Bereich unter Benutzung von Gleichung 17 in Tabelle 4.1 bringen: Eine um T_t zeitverschobene Funktion $f(t)$ wird im Laplace-Bereich mit $e^{-T_t s}$ multipliziert. Damit ist die Laplace-Transformation des Pulses:

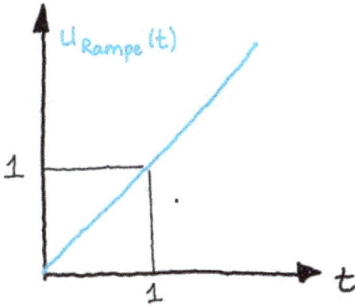

Rampenfunktion als mögliches Eingangssignal mit einer Steigung von 1, sodass $u_{\text{Rampe}}(t) = t$.

$$P(s) = h\frac{1}{s} - h\frac{1}{s}e^{-t/h} = \frac{h}{s}(1 - e^{-t/h})$$

Der Puls kann mit einem Delta-Puls angenähert werden, der unendlich kurz aber dafür unendlich hoch ist, wenn $h \to \infty$. Dies nennt man auch einen Dirac-Puls. Die Laplace-Transformierte eines Dirac-Pulses ist nach Gleichung 1 in Tabelle 4.1

$$U_{\text{Dirac}} = 1$$

Eine weitere Möglichkeit, das dynamische Verhalten zu untersuchen, ist z. B. das langsame Aufdrehen eines Ventils. Passiert dies mit einem linearen Verhalten, so wie in Abbildung 4.4 dargestellt, so nennen wir dies eine Rampe. Die Zeitfunktion einer Rampe ist mit $u_{\text{Rampe}}(t) = t$ gegeben. Die Laplace-Transformierte einer Rampe ist:

$$U_{\text{Rampe}}(s) = \frac{1}{s^2}$$

4.3 Übertragungsfunktionen

In Abbildung 4.1 wurde die Übertragungsfunktion eingeführt. Die Übertragungsfunktion beschreibt – genau wie die Differentialgleichung – das dynamische Verhalten einer Ausgangsgröße eines Prozesses bei einer gegebenen Eingangsgröße. So kann zum Beispiel die Temperatur in Abhängigkeit von einer Heizleistung beschrieben werden. Wir nennen die Eingangsgröße auch die Ursache und die Ausgangsgröße die Wirkung. In diesem Abschnitt werden die Eigenschaften von Übertragungsfunktionen beschrieben, besonders, wie mehrere Übertragungsfunktionen zusammenwirken können. Dies ist wichtig, weil wir später nicht nur den Prozess damit beschreiben, sondern auch den Regler und vor allem den geschlossenen Regelkreis aus Abbildungen 2.3 und 2.4.

Die Übertragungsfunktion wird als Ausgang $Y(s)$ geteilt durch Eingang $U(s)$ definiert.

$$G(s) = \frac{Y(s)}{U(s)} \tag{4.10}$$

Für eine Differentialgleichung n-ter Ordnung, wie in Gleichung (3.5) beschrieben, ist dies:

$$G(s) = \frac{b_m s^m + b_{m-1} s^{m-1} + \cdots + b_1 s + b_0}{a_n s^n + a_{n-1} s^{n-1} + \cdots + a_1 s + a_0} \tag{4.11}$$

In dieser Form kann die Übertragungsfunktion als ein Bruch aus zwei Polynomen gesehen werden: dem Nennerpolynom $N(s)$ und dem Zählerpolynom $Z(s)$.

$$G(s) = \frac{Z(s)}{N(s)} \tag{4.12}$$

Das Zählerpolynom kann faktorisiert werden, d. h. Polynome lassen sich als Produkte ersten Grades schreiben:

$$b_m s^m + \cdots + b_1 s + b_0 = (s - s_{01})(s - s_{02}) \cdots (s - s_{0m})$$

Die Polynomfaktoren $s_{01} \ldots s_{0m}$ heißen *Nullstellen* der Übertragungsfunktion. Die Nullstellen können komplexe Zahlen sein. Wenn die Koeffizienten des Zählerpolynoms, $b_0 \ldots b_m$, reale Zahlen sind, dann treten komplexe Nullstellen als komplex konjugierte Paare auf, d. h. als $s_{1/2} = -a \pm jb$.

Ebenso kann der Nenner faktorisiert werden, sodass gilt:

$$a_n s^n + a_{n-1} s^{n-1} + \cdots + a_1 s + a_0 = (s - s_1) \cdots (s - s_n)$$

Die Nullstellen $s_1 \ldots s_n$ des Nenners heißen die *Pole* der Übertragungsfunktion. Es gilt das Gleiche wie für die Nullstellen des Zählers: Sie können nur als reale oder komplex konjugierte Paare auftreten.

Pole und Nullstellen können wir als komplex konjugierte Zahlen in die s-Ebene einzeichnen. Die s-Ebene wird von Realteil σ auf der x-Achse und Imaginärteil ω auf der y-Achse aufgespannt. Bei komplex konjugierten Polen oder Nullstellen liegen diese immer symmetrisch zur realen Achse, da $s = \sigma \pm j\omega$. Dies wird im Folgenden in einem einfachen Beispiel demonstriert.

Übung. Bestimme die Pole und Nullstellen der Übertragungsfunktion und trage sie in die komplexe Ebene ein.

$$G(s) = \frac{5s - 2}{s^2 + 2s + 5}$$

Lösung. Die Nullstellen bestimmen wir, indem wir den Zähler zu Null setzen: $5s - 2 = 0$. Lösen wir dies nach s auf, so erhalten wir $s_{01} = +2/5$. Um die Pole zu berechnen, benötigen wir die p-q-Formel, da es sich hier um ein Polynom 2. Ordnung handelt, oder

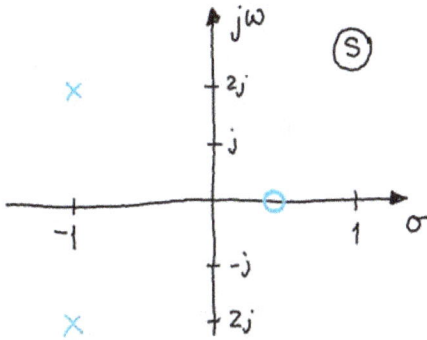

Abb. 4.5: Komplexe s-Ebene mit den Polen und Nullstellen der Übertragungsfunktion $G(s) = \frac{5s-2}{s^2+2s+5}$. Die Nullstelle liegt bei +0,4 auf der realen Achse, während die beiden Pole bei $-1 \pm 2j$ liegen.

eine quadratische Gleichung. Die p-q-Formel findet die Lösung eines Polynoms in der Form $x^2 + px + q = 0$:

$$x_{1/2} = -\frac{p}{2} \pm \sqrt{\frac{p^2}{2} - q}$$

Um die Pole zu bestimmen, müssen wir also $s^2 + 2s + 5 = 0$ lösen, und es gilt $p = 2$ und $q = 5$:

$$s_{1/2} = -1 \pm \sqrt{1 - 5} = -1 \pm 2j$$

Abbildung 4.5 zeigt die komplexe s-Ebene. Dabei ist σ der Realteil und ω der Imaginärteil der komplexen Frequenz s. Die Nullstellen werden allgemein mit Kreisen eingetragen und die Pole mit Kreuzen. Das eingekreiste s im rechten, oberen Bereich bedeutet, dass das Diagramm die komplexe s-Ebene mit Realteil von s auf der x-Achse und Imaginärteil von s auf der y-Achse darstellt. Die Achsenbeschriftung können wir mit dem eingekreisten s weglassen.

4.4 Stabilität

Wenn wir den Ausgang eines dynamischen Prozesses betrachten, ist es wichtig herauszufinden, ob die Prozessgröße sich auf einen neuen Wert einstellt, oder ob sie immer weiter und weiter bis ins Unendliche anwächst. Wenn die Ausgangsgröße sich auf einen neuen Wert einstellt, nennen wir diesen Prozess *mit Ausgleich* oder *stabil*. Im Englischen verwenden wir den Begriff *self-regulating*. Ein Beispiel für einen stabilen Prozess ist die Temperatur in einem Rührkessel, die sich bei zugeführter Heizung auf einen ausgeglichenen, neuen Wert einstellt. Dies liegt daran, dass die zugeführte Wärme auch an die Umwelt abgegeben wird und nicht im Prozess akkumuliert wird.

Wächst dagegen die Ausgangsgröße ins Unendliche, so bezeichnen wir das als einen Prozess *ohne Ausgleich* oder *instabil*. Im Englischen nennen wir dies *non self-regulating*. Ein Beispiel dafür ist der Füllstand in einem Behälter. Öffnen wir die Zufuhr zum Behälter, so wächst der Füllstand bis ins Unendliche an (unter der theoretischen Annahme, dass der Behälter unendlich hoch ist). Prozesse ohne Ausgleich akkumulieren Material oder Wärme.

Eine Definition für Stabilität lautet:

Ein unbeschränktes, lineares System nennen wir stabil, wenn alle begrenzten Eingangssignale zu einem begrenzten Ausgangssignal führen.

Mit unbeschränktem System meinen wir, dass der Aktor nicht beschränkt ist. Beschränkte Aktoren können wir nicht mit Differentialgleichungen beschreiben. Das bedeutet jedoch nicht, dass wir sie nicht verwenden können, sondern nur, dass wir uns innerhalb des definierten Arbeitsbereiches befinden müssen, damit sie gelten. Linearität ist für gewöhnliche Differentialgleichungen erüllt. Begrenzte Eingangssignale sind alle Signale, die innerhalb einer oberen und unteren Grenze liegen. Ein Beispiel für ein begrenztes Eingangssignal ist ein Sprung oder ein Puls, wie im vorherigen Abschnitt beschrieben wurde. Ein Beispiel für ein unbegrenztes Eingangssignal ist eine Rampe.

Ein weiteres instabiles Signal ist eine anwachsende Exponentialfunktion $y_1(t) = e^{+bt}$. In Tabelle 4.1 finden wir die entsprechende Laplace-Transformation:

$$Y_1(s) = \frac{1}{s - b}$$

Dies bedeutet, dass ein Vorzeichen über die Stabilität entscheiden kann, denn das Signal $Y_2(s) = \frac{1}{s+b}$ ist stabil, da es zu einer abklingenden Exponentialfunktion gehört $y_2(t) = e^{-bt}$. Beide Funktionen $y_1(t)$ und $y_2(t)$ sind in Abbildung 4.6 dargestellt.

Ein Stabilitätskriterium kann im Frequenzbereich betrachtet werden. Hierzu gilt:

Ein System ist stabil, wenn alle Pole des Systems in der linken Hälfte der s-Ebene liegen.

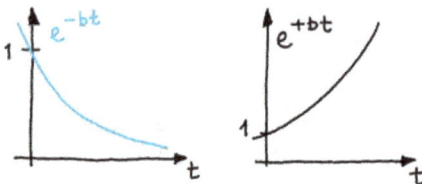

Abb. 4.6: Exponentiell abnehmende (stabile) Funktion e^{-bt}, links in Blau, und exponentiell zunehmende (instabile) Funktion e^{+bt}, rechts in Schwarz.

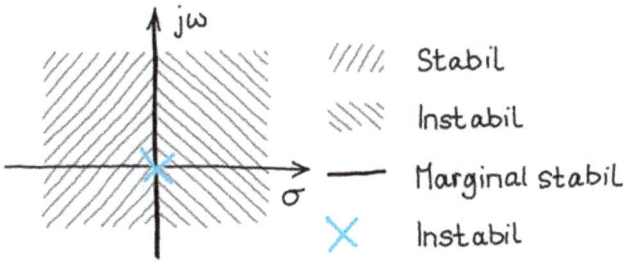

Abb. 4.7: Stabilitätsbereiche in der komplexen *s*-Ebene. Pole, die in der linken Hälfte der *s*-Ebene liegen, nennen wir stabil, da sie mit einer abklingenden Exponentialfunktion aus Abbildung 4.6 korrespondieren. Pole, die in der rechten Hälfte der s-Ebene liegen, nennen wir instabil. Sie korrespondieren mit einer anwachsenden Exponentialfunktion in Abbildung 4.6. Pole auf der imaginären Achse sind marginal stabil, d. h. sie oszillieren, mit Ausnahme des Ursprungs, der einem integrativen Prozess entspricht und daher instabil ist.

Dies ist in Abbildung 4.7 dargestellt. Pole in der linken Hälfte der *s*-Ebene sind stabil, in der rechten Hälfte liegende Pole sind instabil. Die imaginäre Achse stellt einen Sonderbereich dar. Pole, die auf der imaginären Achse liegen, nennen wir marginal stabil, denn diese Pole stellen sich weder auf einen neuen Wert ein noch wachsen sie ins Unendliche, sondern die Sprungantwort schwingt sinusförmig. Ein Pol im Ursprung repräsentiert einen integrativen Prozess, der instabil ist.

4.5 Aufgaben

Aufgabe 4.1. Ein System hat die Polstellen bei $s_{1/2} = -1 \pm 3j$ und eine Nullstelle bei $s = -2$. Die Verstärkung ist $K_p = 1{,}5$. Stelle die Übertragungsfunktion des Prozesses auf.

Aufgabe 4.2. Nährstoffe sollen vorsichtig einem Bioreaktor zugeführt werden. Dazu wird das Zufuhrventil langsam geöffnet und bleibt dann offen, siehe Abbildung 4.8. Zeige, wie das abgebildete Eingangssignal $u(t)$ in Funktionen, für die wir die Laplace-Transformation kennen, aufgeteilt werden kann. Skizziere diese Funktionen und beschreibe sie im Zeitbereich.

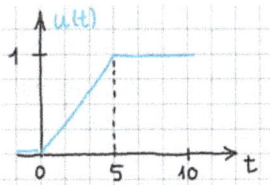

Abb. 4.8: Rampenartige Zuführung eines Stellsignales wie in Aufgabe 4.2 beschrieben.

Aufgabe 4.3. Die folgenden Übertragungsfunktionen sind für Prozesse gegeben. Gebe Pole und Nullstellen an. Gebe an, ob der Prozess stabil ist. Bestimme – soweit möglich – die Prozessverstärkung.

(a) $G(s) = \frac{s+7}{s^2+9s+14}$

(b) $G(s) = \frac{5}{s^2+3s-6}$

(c) $G(s) = \frac{2}{s^2+2s+2}$

(d) $G(s) = \frac{s-3}{s^2+4,5s+2}$

(e) $G(s) = \frac{10(3s+2)}{\frac{2}{3}s^2+\frac{7}{3}s+1}$

(f) $G(s) = \frac{s+4}{s^2+2s-3}$

Aufgabe 4.4. Bestimme die Zeitfunktion eines Ausgangssignals, für das die folgende Laplace-Transformierte bestimmt wurde:

$$Y(s) = \frac{2}{15s^3 + 11s^2 + 2s}.$$

Bestimme den Wert von $y(t)$ zum Zeitpunkt $t = 0$ an sowie für $t \to \infty$.

Aufgabe 4.5. Ein Eingangssignal wird mit der folgenden Zeitfunktion beschrieben:

$$u(t) = \begin{cases} 2, & \text{wenn } 0 \le t \le 0{,}25 \\ 0, & \text{wenn } t < 0 \text{ oder } t > 0{,}25 \end{cases}$$

Skizziere die Zeitfunktion. Bestimme die Laplace-Transformierte von $u(t)$.

Aufgabe 4.6. Auf ein PT_1-System wird ein rampenförmiges Eingangssignal $u(t)$ angewandt. Dies bedeutet zum Beispiel, dass eine Temperaturheizung langsam erhöht wird, indem die Heizleistung linear erhöht wird. Die Ausgangsgröße $y(t)$ soll berechnet werden.

(a) Bestimme die Laplace-Transformierte $Y(s)$ der Ausgangsgröße in der allgemeinen Form.

(b) Für die Ausgangsgröße kann die folgende Form angenommen werden:

$$Y(s) = \frac{5}{s^2} - \frac{20}{s(2s + 1)}$$

Skizziere den Zeitverlauf von $y(t)$. Bestimme dazu zunächst die Zeitfunktion unter Berücksichtigung der Laplace-Rücktranformation mithilfe von Tabelle 4.1. Berechne danach den Wert von $y(t)$ zu den Zeitpunkten $t = 0$, $t = 1$, $t = 2$ und $t = 3$ und $t = 5$.

5 Wichtige Prozesstypen

In diesem Abschnitt betrachten wir die häufig vorkommenden Prozesstypen, die sich in ihrem dynamischen Verhalten ähneln. Diese Prozesse können mit Differentialgleichungen 1. und 2. Ordnung beschrieben werden. Es handelt sich jeweils um bestimmte Formen dieser Prozesse. Prozesse, die mit Differentialgleichungen höherer Ordnung beschrieben werden, können aus mehreren dieser einfachen Prozesstypen zusammengesetzt werden. So kann zum Beispiel ein Prozess 3. Ordnung aus drei Prozessen 1. Ordnung oder aus einem Prozess 1. Ordnung und einem Prozess 2. Ordnung zusammengesetzt werden. Betrachtet man einen Prozess höherer Ordnung, hat der *langsamste* Prozess die größte Auswirkung auf die Dynamik. Der langsamste Prozess ist derjenige, dessen Pole den kleinsten Realteil haben, wie wir in diesem und späteren Kapiteln sehen werden.

5.1 Prozesse 1. Ordnung (PT$_1$)

In Abschnitt 3.2 haben wir die Temperatur in einem Rührkessel betrachtet. Die Temperaturveränderung bei einer Veränderung der Heizleistung konnte durch eine Differentialgleichung 1. Ordnung beschrieben werden:

$$\tau \frac{dy}{dt} + y = K_p u \tag{5.1}$$

K_p nennen wir die *Prozessverstärkung*, da sie angibt, wie stark die Amplitude des Einheitssprungs durch den Prozess verstärkt ($K_p > 1$) oder abgeschwächt ($K_p < 1$) wird. Der Parameter τ ist die *Zeitkonstante*, die besagt, wie schnell der Prozess reagiert. Die Zeitkonstante wird auch manchmal als Ausgleichszeit bezeichnet. Zeitkonstante und Prozessverstärkung können in der Sprungantwort abgelesen werden. Dabei ist die Prozessverstärkung gleich

$$K_p = \frac{\Delta y}{\Delta u} \tag{5.2}$$

wobei Δu die Höhe des Eingangssprunges ist und Δy der Unterschied von Ausgangsniveau und Endniveau. Das Ausgangsniveau wird oft gleich Null gesetzt. Die Zeitkonstante ist dann die Zeit, bei der 63 % des Endniveaus erreicht wird.

Die Übertragungsfunktion des PT$_1$ Prozesses lautet:

$$G(s) = \frac{K_p}{\tau s + 1} \tag{5.3}$$

Ein PT$_1$ Prozess hat damit einen Pol bei $s = -\frac{1}{\tau}$ und keine Nullstelle. Aus der Übertragungsfunktion kann die Sprungantwort $y(t)$ berechnet werden, indem die Eingangs-

https://doi.org/10.1515/9783111573038-005

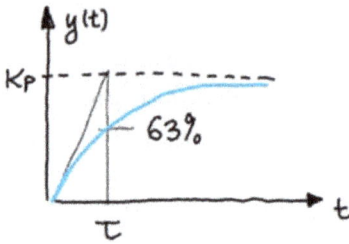

Abb. 5.1: Sprungantwort $y(t)$ eines PT$_1$-Prozesses, wenn das Eingangssignal $u(t)$ ein Einheitssprung ist. Hierbei ist τ die Zeitkonstante oder Ausgleichszeit, zu der 63 % des Endwertes erreicht wird. K_p nennen wir die Prozessverstärkung.

größe $U(s) = \frac{1}{s}$ in die Gleichung $Y(s) = G(s)U(s)$ eingesetzt wird. Dies hatten wir in Kapitel 4.1 gezeigt und Gleichung (4.6) gab uns den Zeitverlauf.

$$y(t) = K_p(1 - e^{-t/\tau}) \tag{5.4}$$

Die Zeitkonstante können wir auf zwei verschiedene Weisen ablesen. Die erste Möglichkeit ist über die Tatsache, dass zum Zeitpunkt $t = \tau$ der folgende Wert erreicht ist:

$$y(\tau) = K_p(1 - e^{-\tau/\tau}) = K_p(1 - e^{-1}) = 0{,}63K_p$$

Deshalb markieren wir 63 % des Endwertes und lesen den zugehörigen Zeitwert ab. Eine andere Möglichkeit ist, die Steigung zum Zeitpunkt $t = 0$ zu betrachten. Die Ableitung der Funktion lautet:

$$\frac{dy}{dt} = \frac{K_p}{\tau} e^{-t/\tau}$$

Wenn wir nun $t = 0$ einsetzen, so erhalten wir die Steigung zum Zeitpunkt $t = 0$, die gleich $\frac{K_p}{\tau}$ ist. Diese Steigung können wir in den Zeitverlauf eintragen. Nach Zeit τ erreicht diese Steigungsgerade den Wert K_p. Mit der Steigung am Ursprung können wir den Zeitverlauf besser skizzieren, so wie in Abbildung 5.1 gezeigt.

PT$_1$-Prozesse kommen in ihrer Reinform selten in der Biotechnologie vor, meist sind sie mit einer Totzeit verknüpft, die wir später in diesem Kapitel kennenlernen werden. Der Temperaturprozess aus Kapitel 3.3 ist ein Beispiel eines PT$_1$-Prozesses in vereinfachter Form. Zusätzlich kommen in der Praxis weitere Dynamiken durch Sensor und Aktor hinzu.

5.2 Integrierende Prozesse

In Kapitel 3 haben wir eine Füllstandstrecke kennengelernt, die ein integrierendes Verhalten hat. Dabei wird in einem Tank eine Masse oder ein Volumen akkumuliert. Integrierende Prozesse beschreiben immmer Akkumulationen und können allgemein durch die Differentialgleichung

$$a_1 \frac{dy}{dt} = b_0 u$$

beschrieben werden. Integrierende Prozesse werden mit Differentialgleichungen 1. Ordnung beschrieben, allerdings stellen sie einen Sonderfall dar, wenn man sie mit PT_1-Prozessen vergleicht, da $a_0 = 0$ ist. Eine andere Darstellung der Gleichung ist

$$\frac{dy}{dt} = K_v u \qquad (5.5)$$

wobei der Parameter K_v die Geschwindigkeit ist, mit der das Integral anwächst. Je größer K_v, desto steiler die Steigung. K_v wird auch Geschwindigkeitsverstärkung genannt. Die Übertragungsfunktion eines integrierenden Prozesses lautet wie folgt:

$$G(s) = \frac{K_v}{s} \qquad (5.6)$$

Integrierende Prozesse haben also eine Nullstelle bei $s = 0$. Aus der Übertragungsfunktion ergibt sich die Sprungantwort eines Sprungs der Höhe Δu zu

$$Y(s) = \frac{K_v}{s^2} \Delta u$$

Die Rücktransformation ergibt sich aus Tabelle 4.1 zu:

$$y(t) = K_v \Delta u t$$

Die Steigung $K_v \Delta u$ wird auch als Anstiegsgeschwindigkeit v bezeichnet. Es gilt:

$$K_v = \frac{v}{\Delta u} \qquad (5.7)$$

Der zeitliche Verlauf einer Sprungfunktion ist in Abbildung 5.2 dargestellt. Integrierende Prozesse werden auch als Prozesse *ohne Ausgleich* bezeichnet. Damit ist gemeint, dass der Prozessausgang $y(t)$ sich nicht auf einen neuen Wert einstellt.

Der in der Biotechnologie am häufigsten vorkommende integrierende Prozess ist der von Füllständen, wie in Abschnitt 3.1 beschrieben. Füllstände müssen immer geregelt werden, da sie sonst bei einem Betrieb über eine lange Zeit überlaufen oder sich vollständig leeren. Sie sind instabil. Ist am Ablauf eines Behälters eine Pumpe angebracht, die den Behälter leer pumpt, und läuft der Behälter leer, so kann die Pumpe beschädigt werden. Dies soll durch eine automatische Regelung des Füllstands verhindert werden.

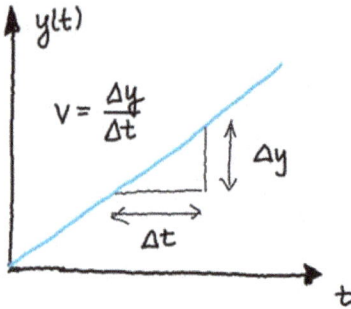

Abb. 5.2: Sprungantwort $y(t)$ eines integrierenden Prozesses, wenn das Eingangssignal $u(t)$ ein Einheitssprung ist. v ist die Anstiegsgeschwindigkeit.

5.3 Prozesse 2. Ordnung

Differentialgleichungen 2. Ordnung können durch die folgende Gleichung beschrieben werden, die aus der allgemeinen Form gewöhnlicher Differentialgleichung aus Abschnitt 3.5 mit $n = 2$ und $m = 0$ abgeleitet wurde:

$$a_2 \frac{d^2 y}{dt^2} + a_1 \frac{dy}{dt} + a_0 y = b_0 u \tag{5.8}$$

Eine weitere, in der Regelungstechnik oft verwandte Form für Differentialgleichungen 2. Ordnung lautet:

$$\frac{d^2 y}{dt^2} + 2d\omega_0 \frac{dy}{dt} + \omega_0^2 y = K_p \omega_0^2 u \tag{5.9}$$

Dabei bezeichnen wir d als Dämpfungsfaktor und ω_0 als ungedämpfte, natürliche Frequenz des Prozesses. Manchmal drücken wir die Frequenz ω_0 durch $\omega_0 = 1/\tau$ aus, da τ der Zeitkonstante des Prozesses entspricht. Die Übertragungsfunktion erhalten wir, indem wir die Differentialgleichung Laplace-transformieren:

$$s^2 Y(s) + 2d\omega_0 s Y(s) + \omega_0^2 Y(s) = K_p \omega_0^2 U(s)$$

und zur Übertragungsfunktion $G(s) = \frac{Y(s)}{U(s)}$ umstellen:

$$G(s) = \frac{K_p \omega_0^2}{s^2 + 2d\omega_0 s + \omega_0^2} \tag{5.10}$$

Die Pole der Übertragungsfunktion sind die Nullstellen des Nenners, d. h. $s^2 + 2d\omega_0 s + \omega_0^2 = 0$. Die Pole können mithilfe der p-q-Formel bestimmt werden:

$$s_{1/2} = -d\omega_0 \pm \sqrt{d^2 \omega_0^2 - \omega_0^2} = -d\omega_0 \pm \omega_0 \sqrt{d^2 - 1}$$

Die Stabilität im Speziellen und das dynamische Verhalten des Prozesses im Allgemeinen hängt von der Lage der Pole ab. Die Lage der Pole führt zu unterschiedlichen Verhalten bei den folgenden Fallunterscheidungen:

1. Die Pole können entweder (a) beide real sein oder (b) als komplex konjugiertes Paar auftreten. Komplex konjugiert bedeutet, dass wir sowohl einen positiven als auch einen gleich großen negativen imaginären Anteil haben. Ob die Pole real oder komplex sind, hängt von dem Ausdruck unter der Wurzel ab: $\sqrt{d^2 - 1}$. Wenn $|d| \geq 1$, dann ist der Ausdruck unter der Wurzen positiv und die Pole sind real (a): $s_{1/2} = -d\omega_0 \pm \sqrt{d^2 - 1}$. Wenn $|d| < 1$, dann ist der Ausdruck unter der Wurzel negativ und die Pole sind konjugiert komplex (b). Die Pole haben dann einen Real- und einen Imaginärteil: $s_{1/2} = -d\omega_0 \pm \sqrt{1 - d^2}j$

2. Das Vorzeichen der Realteile der Pole ist zu betrachten. Die realen Pole oder der Realteil der komplex konjugierten Pole $\sigma = -d\omega_0$ kann (a) positiv oder (b) negativ sein. Ist der Realteil negativ, so ist der Prozess stabil. Ist der Realteil positiv, so ist der Prozess instabil. Dies hängt vom Vorzeichen der Koeffizienten a_2, a_1 und a_0 ab. Ist einer dieser Koeffizienten negativ, so gibt es einen Pol in der rechten Hälfte der s-Ebene und der Prozess ist instabil.

Eine Übersicht der Lage der Pole und der resultierenden Sprungantworten ist in Abbildung 5.3 gezeigt. Die mit Kreuzen und Quadraten markierten Pole sind stabil, die mit Rauten und Dreiecken markierten Pole instabil. Komplex konjugierte Polpaare führen zu einer schwingenden Sprungantwort, die mit der Zeit abklingt. Im Folgenden beschäftigen wir uns hauptsächlich mit stabilen Polen, da die Prozesse in der Biotechnologie größtenteils stabil sind.

Übung. Eine Übertragungsfunktion ist gegeben als

$$G(s) = \frac{10}{2s^2 + 4s + 5}$$

Bestimme die Prozessparameter K_p, ω_0 und d und finde heraus, ob die Sprungantwort des Prozesses oszilliert oder gedämpft ist.

Lösung. Zunächst müssen wir die Übertragungsfunktion auf die Standardform bringen, die den Faktor 1 vor dem Term s^2 hat. Dazu teilen wir sowohl Zähler als auch Nenner durch einen Faktor 2.

$$G(s) = \frac{5}{s^2 + 2s + \frac{5}{2}}$$

Damit können wir ω_0^2 im Nenner ablesen: $\frac{5}{2}$ bzw. $\omega_0 = \sqrt{5/2}$. Nun vergleichen wir den Zähler mit dem allgemeinen Zähler $K_p\omega_0^2 = 5$ oder aufgelöst nach $K_p = \frac{5}{\omega_0^2} = 2$. Als Letztes vergleichen wir den Faktor vor s im Nenner: $2d\omega_0 = 2$. Daraus ergibt sich

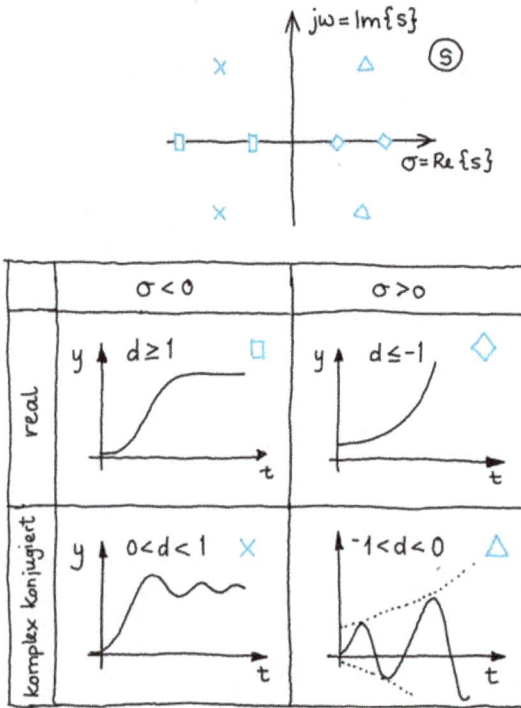

Abb. 5.3: Mögliche Lage der Pole eines Prozesses 2. Ordnung und zugehörige Sprungantworten. Polpaare, die in der linken Hälfte der s-Ebene liegen, sind stabil. Sie können entweder schwingen oder einer S-Kurve folgen. Polpaare, die in der rechten Hälfte der s-Ebene liegen, sind instabil. Sie gehen entweder gegen unendlich oder oszillieren abwechselnd gegen plus und minus unendlich.

$d = \frac{2}{2\omega_0} = \frac{1}{\sqrt{5/2}} = \sqrt{2/5} = 0{,}63$. Da der Dämpfungsfaktor d zwischen 0 und 1 liegt, handelt es sich hier um ein schwingendes System.

Wir betrachten jetzt die Fallunterscheidung, die wir bereits in der Diskussion über die Pollage aufgezeigt hatten: $d \geq 1$ und $0 < d < 1$. In beiden Fällen untersuchen wir nur stabile Systeme, d. h. die Pole liegen in der linken Hälfte der s-Ebene.

5.3.1 Nicht schwingfähiger Prozess ($d \geq 1$)

In der Biotechnologie kann ein Großteil der Prozesse 2. Ordnung beschrieben werden, die vollständig gedämpft sind, das heißt, dass der Dämpfungsfaktor d größer als 1 ist. Der Prozess ist *nicht* schwingfähig.

Einen solchen Prozess kann man sich als eine Verknüpfung von zwei Prozessen 1. Ordnung vorstellen, die miteinander, wie in Abbildung 5.4 dargestellt, verknüpft sind. Die Übertragungsfunktion kann dann umgeschrieben werden zu

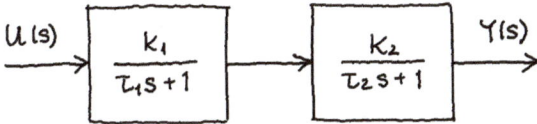

Abb. 5.4: Zwei Prozesse 1. Ordnung ergeben einen Prozess 2. Ordnung mit $d \geq 1$. Beide Prozesse 1. Ordnung haben unterschiedliche Zeitkonstanten τ_1 und τ_2, wobei die größere der beiden Zeitkonstanten das Verhalten bestimmt.

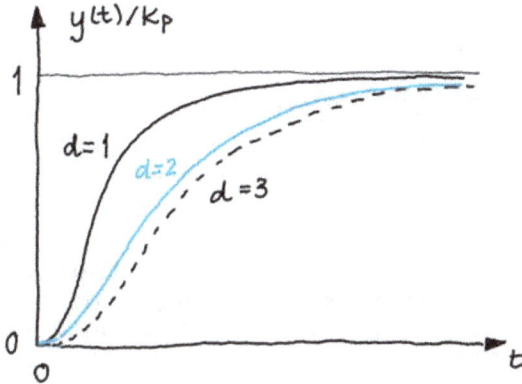

Abb. 5.5: Sprungantworten eines nicht schwingfähigen PT_2-Prozesses in Abhängigkeit des Dämpfungsfaktors d. Je größer d, desto langsamer wird der Prozess.

$$G(s) = \frac{K_p}{s^2 + 2d\omega_0 s + \omega_0^2} = \frac{K_p}{(\tau_1 s + 1)(\tau_2 s + 1)} \tag{5.11}$$

Die Sprungantwort $Y(s)$ kann im Frequenzbereich durch

$$Y(s) = \frac{K_p}{s(\tau_1 s + 1)(\tau_2 s + 1)} \tag{5.12}$$

ausgedrückt werden. Tabelle 4.1 enthält einen Eintrag dieser Art, sodass die inverse Laplace-Transformation wie folgt abgelesen werden kann:

$$1 + \frac{1}{\tau_2 - \tau_1}(\tau_1 e^{-t/\tau_1} - \tau_2 e^{-t/\tau_2})$$

Dieses Verhalten der Sprungantwort verändert sich mit dem Dämpfungsfaktor d, siehe Abbildung 5.5. Je höher die Dämpfung, desto langsamer steigt die Ausgangsgröße an.

Ein Beispiel für dieses Verhalten und die Verkettung von zwei PT_1 Prozessen ist eine Temperaturmessung in einem Behälter mit Flüssigkeit. Im ersten Szenario a) wird ein Flüssigkeitsthermometer zum Zeitpunkt $t = 0$ in einen Behälter kochenden Was-

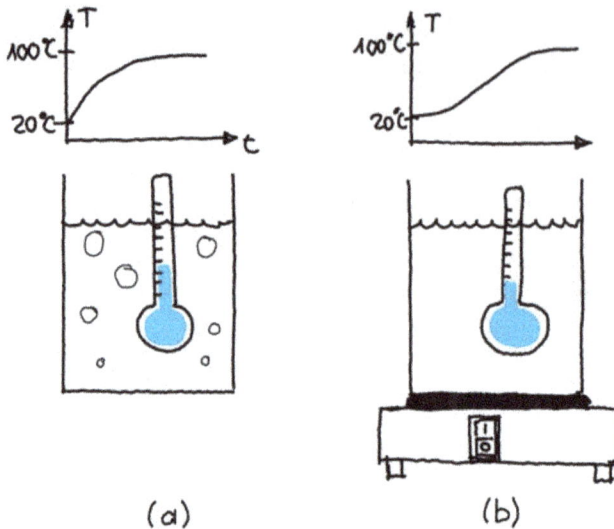

Abb. 5.6: Temperaturmessung, bei der (a) zum Zeitpunkt $t = 0$ ein Thermometer in einen Behälter ko-chenden Wassers getaucht wird und (b) bei der ein Behälter mit Wasser von einer Kochplatte erhitzt wird und zum Zeitpunkt $t = 0$ die Kochplatte angeschaltet wird. In beiden Fällen zeigt die Flüssigkeitssäule im Thermometer zu Beginn 20 °C an und erhitzt sich auf 100 °C.

sers getaucht, siehe Abbildung 5.6. Die Flüssigkeitssäule steigt schnell an. Der Verlauf entspricht einem PT_1-Prozess.

Im zweiten Szenario b) wird das Thermometer wieder in einen Behälter mit Wasser getaucht. Jedoch ist jetzt die Temperatur des Wassers im Behälter gleich der Raum-temperatur. Der Behälter steht diesmal auf einer Heizplatte, die zum Zeitpunkt $t = 0$ eingeschaltet wird. Zunächst erwärmt sich das Wasser, danach kann erst die Flüssig-keitssäule im Thermometer ansteigen. Es ergibt sich ein PT_2-Prozessverhalten. Generell verhalten sich die meisten realen Temperaturprozesse wie ein PT_2-Prozess. Auch Druck-prozesse haben oft ein solches Verhalten. Druckprozesse sind jedoch generell wesentlich schneller als Temperaturprozesse, d. h. die Zeitkonstanten τ_1 und τ_2 sind viel kleiner.

Prozesse 2. Ordnung die sich auf einen neuen Wert einstellen, werden auch als Prozess *mit Ausgleich* oder PT_2-Prozess bezeichnet. Prozesse höherer Ordnung, die aus-schließlich reale Pole haben, werden PT_n-Prozess genannt. Die Sprungantwort von PT_n-Prozessen unterscheidet sich strukturell nicht von PT_2-Prozessen. Beide Zeitverhalten dieser Prozesse werden als S-Kurve beschrieben.

5.3.2 Schwingfähiger Prozess ($0 < d < 1$)

Der zweite, wichtige Fall für die Dämpfung d beschreibt stabile Prozesse 2. Ordnung mit komplex konjugierten Polen. Diese Prozesse haben eine Dämpfung $0 < d < 1$ und resultieren in einem Überschwinger. Diese Prozesse kommen in der Biotechnologie nur als absolute Ausnahme vor. Tatsächlich ist der Autorin kein sinnvoller, schwingfähiger Prozess in der Bioverfahrenstechnik bekannt (die Existenz kann jedoch nicht ausgeschlossen werden).

Wir betrachten diese Prozesse trotzdem im Detail, da der *geschlossene Regelkreis* ein solches Verhalten aufweisen kann. Das bedeutet, dass durch die Regelung zwar auf Störungen reagiert und ein Sollwert angepasst werden kann, aber die Prozessgröße sich manchmal erst einschwingen muss. Wie viel von diesem Einschwingen akzeptabel ist, muss im Einzelfall entschieden werden.

In diesem Abschnitt lernen wir Maße kennen, die das Einschwingverhalten beschreiben. Dazu betrachten wir zunächst die Sprungantwort des Prozesses, die sich aus der Übertragungsfunktion $G(s) = \frac{K_p}{s^2 + 2d\omega_0 s + \omega_0^2}$ und dem Einheitssprung $U(s) = \frac{1}{s}$ als Eingangssignal ergibt:

$$Y(s) = \frac{K_p \omega_0^2}{s(s^2 + 2d\omega_0 s + \omega_0^2)}$$

Aus Tabelle 4.1 können wir die inverse Laplace-Transformation ablesen:

$$y(t) = K_p \left(1 - \frac{\omega_0}{\sqrt{1-d^2}} e^{-d\omega_0 t} \sin\left(\sqrt{1-d^2}\,\omega_0 t + \psi\right) \right)$$

wobei $\psi = \tan^{-1} \frac{\sqrt{1-d^2}}{d}$. Diese Form sieht zunächst einmal unübersichtlich aus. Wir können sie mit konstanten Faktoren $q = \frac{\omega_0}{\sqrt{1-d^2}}$, $r = d\omega_0 t$ und $p = \sqrt{1-d^2}\,\omega_0$ einfacher darstellen als

$$y(t) = K_p(1 - qe^{-rt} \sin(pt + \psi))$$

d. h. wir betrachten eine um ψ verschobene Sinusfunktion, die mit einer abklingenden Exponentialfunktion multipliziert wird. Dieser Verlauf ist in Abbildung 5.7 für verschiedene Werte von d dargestellt. Je kleiner d, desto größer ist der Überschwinger. Der Endwert bleibt unverändert bei K_p.

5.3.3 Oszillierender Prozess ($d = 0$)

Liegen die komplex konjugierten Pole genau auf der imaginären Achse, so handelt es sich um oszillierende Prozesse und wir nennen diese *marginal stabil*. Diese Prozesse kommen in der Realität nicht vor, da es sich um ein *Perpetuum mobile* handeln würde – die Schwingung endet nie. Allerdings ist es theoretisch möglich, wenn auch unerwünscht, dass der geschlossene Regelkreis dieses Verhalten annimmt.

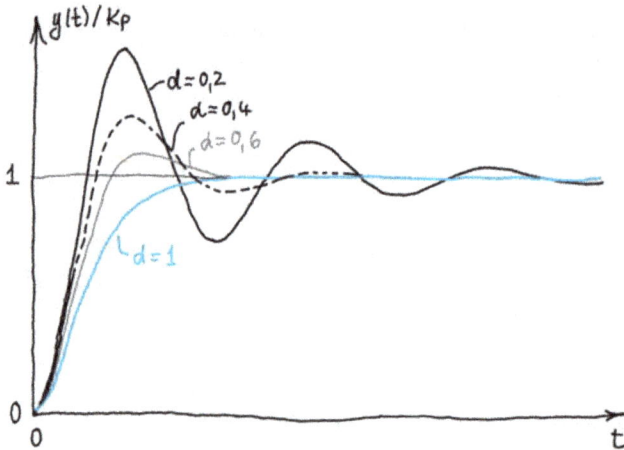

Abb. 5.7: Sprungantwort eines Prozesses 2. Ordnung mit Dämpfung d = 0,2, 0,4, 0,6 und 1. Je kleiner d, desto größer ausgeprägt die Oszillation. Nähert sich d dem Wert 1 (z. B. d = 0,8), so ist die Oszillation kaum noch zu bemerken.

Die Übertragungsfunktion eines oszillierenden Prozesses lautet mit $d = 0$:

$$G(s) = K_p \frac{\omega_0^2}{s^2 + \omega_0^2} \tag{5.13}$$

Die Sprungantwort können wir als Spezialfall aus Gleichung 14 in Tabelle 4.1 ableiten:

$$y(t) = K_p(1 - \cos \omega_0 t)$$

Die Sprungantwort oszilliert zwischen 0 und $2K_p$ um den mittleren Wert K_p.

5.4 Dynamik von Nullstellen

Die bisher betrachten Prozesse hatte keine Nullstellen im Zähler, da im Zähler eine Konstante $- K_p$ oder $K_p \omega_0^2$ – stand. Allerdings kann die Differentialgleichung, die den Prozess beschreibt, auch ein Differential der Eingangsgröße enthalten. Diese Differentiale verändern nicht die grundlegende Form des Systems. Ein stabiles System wird durch zusätzliche Nullstellen nicht instabil. Dennoch beeinflussen die Nullstellen die Ausgangsgröße. In diesem Abschnitt betrachten wir den Einfluss von Nullstellen auf Prozesse 1. und 2. Ordnung. Ohne Beeinträchtigung der Allgemeinheit nehmen wir in diesem Abschnitt eine Prozessverstärkung von $K_p = 1$ an.

5.4.1 Nullstelle bei Prozessen 1. Ordnung

Die Übertragungsfunktion eines Prozesses 1. Ordnung, bei dem eine Nullstelle vorkommt lautet:

$$G(s) = \frac{\tau_0 s + 1}{\tau s + 1} \tag{5.14}$$

Der Pol des Prozesses liegt bei $s = -\frac{1}{\tau}$ und die Nullstelle bei $s = -\frac{1}{\tau_0}$. Die Sprungantwort eines solchen Prozesses berechnet sich zu

$$Y(s) = G(s)U(s) = \frac{\tau_0 s + 1}{s(\tau s + 1)}$$

Für diesen Ausdruck finden wir keine Rücktransformation in der Laplace-Tabelle. Allerdings können wir Funktion durch Partialbruchzerlegung umformen.

$$Y(s) = \frac{1}{s} + \frac{\tau_0 - \tau}{\tau s + 1}$$

Für diese zwei Terme finden wir Einträge 2 und 6 in Tabelle 4.1 und können den Zeitverlauf der Sprungantwort berechnen.

$$y(t) = 1 + \frac{\tau_0 - \tau}{\tau} e^{-t/\tau}$$

Um den Zeitverlauf eindeutig aufzeichnen zu können, müssen wir Fallunterscheidungen für die Beziehung von τ und τ_0 treffen. Für die Zeitkonstante τ gilt, dass diese immer positiv sein muss.

(i) $0 < \tau < \tau_0$
(ii) $0 < \tau_0 < \tau$
(iii) $\tau_0 < 0$

Für den Fall dass $\tau_0 = \tau$ heben sich die Pol- und Nullstelle auf. Die Sprungantwort ist ein Einheitssprung bzw. ist das System eine Verstärkung mit dem Faktor 1. Die Zeitverläufe für alle drei Fälle $\tau = 1$ und (i) $\tau_0 = 2$, (ii) $\tau_0 = 0,5$ und (iii) $\tau_0 = -1$ ist in Abbildung 5.8 aufgetragen. Die Zeitkonstante der Antwort ist in allen drei Fällen gleich τ und auch der Endwert 1 ist immer derselbe. Allerdings ist der Ausgangswert $y(t = 0)$ sehr unterschiedlich. In Fall (i) liegt er bei +2, im Fall (ii) bei 0,5 und im Fall (iii) bei –1.

Nullstellen kommen bei Prozessen 1. Ordnung in der Bioverfahrenstechnik oder bei physikalischen Größen im Allgemeinen nicht vor. Das kann aus der Sprungantwort in Abbildung 5.8 geschlossen werden. Die Prozessgröße springt zum Zeitpunkt $t = 0$ von 0 auf einen neuen Wert. Eine physikalische Größe wie zum Beispiel eine Temperatur kann sich nicht so verhalten. Wir werden aber in Kapitel 6 sehen, dass die berechnete Stellgröße im geschlossenen Regelkreis sich so verhalten kann.

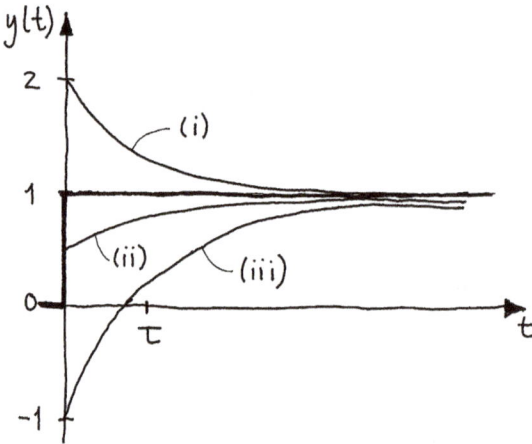

Abb. 5.8: Sprungantworten von Prozessen 1. Ordnung mit Nullstelle mit einem Pol bei −1 und einer Null-stelle bei (i) −0,5, (ii) −2 und (iii) +1. Der Endwert und die Zeitkonstante der Sprungantwort sind in allen drei Fällen die gleichen.

5.4.2 Nullstellen bei Prozessen 2. Ordnung

Nullstellen verändern auch die Dynamik von Prozessen 2. Ordnung. Dabei betrachten wir nur Prozesse, die nicht schwingfähig sind, da diese in der Bioverfahrenstechnik vor-kommen. Die Übertragungsfunktion dieser Prozesse war in Gleichung (5.11) beschrieben und kann um eine Nullstelle erweitert werden.

$$G(s) = \frac{\tau_0 s + 1}{(\tau_1 s + 1)(\tau_2 s + 1)} \tag{5.15}$$

Es wird auch hier nur eine Nullstelle betrachtet. Die Sprungantwort berechnet sich im Laplace-Bereich wie folgt.

$$Y(s) = \frac{\tau_0 s + 1}{s(\tau_1 s + 1)(\tau_2 s + 1)}$$

Wie bei den Nullstellen bei Prozessen 1. Ordnung muss auch hier die Gleichung mit Hilfe einer Partialbruchzerlegung umgestellt werden, damit wir die inverse Laplace-Transformation durchführen können.

$$Y(s) = \frac{1}{s} + a_1 \frac{\tau_1}{\tau_1 s + 1} + a_2 \frac{\tau_2}{\tau_2 s + 1}$$

wobei $a_1 = \frac{\tau_1 - \tau_0}{\tau_2 - \tau_1}$ und $a_2 = \frac{\tau_2 - \tau_0}{\tau_1 - \tau_2}$.

In dieser Form können wir Gleichungen 2 und 6 aus Tabelle 4.1 anwenden, um den Zeitverlauf der Sprungantwort zu berechnen.

$$y(t) = 1 + a_1 e^{-t/\tau_1} + a_2 e^{-t/\tau_2}$$

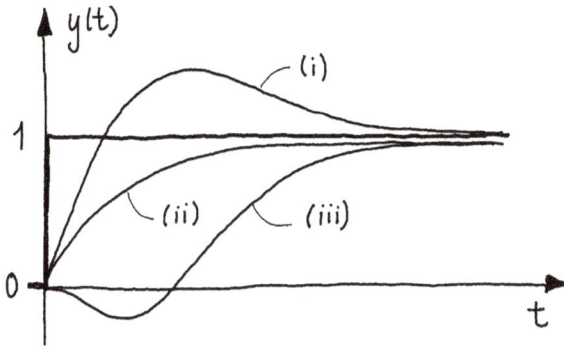

Abb. 5.9: Sprungantworten von Prozessen 2. Ordnung mit Nullstelle mit einem Pol bei −1 und einem bei −0,25. Die Nullstelle liegt bei einer Nullstelle bei (i) −0,125, (ii) −0,5 und (iii) +0,125. Der Endwert und die Zeitkonstanten der Sprungantwort sind in allen drei Fällen die gleichen.

Ohne Einschränkung nehmen wir an, dass $\tau_1 > \tau_2$ ist. Um den Zeitverlauf darstellen zu können müssen wir Fallunterscheidungen für τ_0 treffen. Beide Zeitkonstanten τ_1 und τ_2 müssen dabei immer positiv sein.

(i) $\tau_1 < \tau_0$

(ii) $0 < \tau_0 \leq \tau_1$

(iii) $\tau_0 < 0$

Die Zeitverläufe für die unterschiedlichen Fälle sind in Abbildung 5.9 dargestellt. Sie haben die gleichen Zeitkonstanten und schwingen sich auf den gleichen Endwert 1 ein. Trotzdem könnten sie nicht unterschiedlicher sein. Fall (i) sieht dem Schwingfall ähnlich, da er in einem Überschwinger resultiert. Allerdings gibt es nur einen Überschwinger, nachdem sich der Zeitverlauf langsam und asymptotisch dem Endwert nähert. Fall (ii) ist von einem Prozess 1. Ordnung kaum zu unterscheiden. Das liegt daran, dass sich in diesem Fall der Pol annähernd mit einer der Nullstellen aufhebt.

Fall (iii) hat ein wieder völlig anderes Verhalten, das wir auch *Umkehrantwort* nennen. Die Regelgröße sinkt zunächst ab, bevor sie wieder ansteigt und sich monoton dem Endwert nähert. Dieses Verhalten lässt sich anhand des Beispiels eines Kohlefeuers erklären. Wir möchten eine konstante Temperatur über dem Feuer haben. Sinkt die Temperatur ab, so müssen wir mehr Kohle auf das Feuer werfen. Die Zugabe von Kohle hat zwei Effekte. Der erste Effekt (1) ist, dass die Temperatur zunächst sinkt, da die kalte Kohle die bereits glühende Kohle abkühlt. Der zweite Effekt ist, dass die neue Kohle zu brennen beginnt und die Temperatur erhöht. Effekt (1) ist schneller, aber schwächer. Effekt (2) braucht mehr Zeit, ist dafür aber stärker.

Umkehrantworten gehören zu den Prozessen, die sich am schwierigsten regeln lassen. Das liegt daran, dass der Regler agiert, die Antwort aber in die falsche Richtung läuft. Der Regler versucht dieses Zeitverhalten zu kompensieren und agiert fälschlicherweise in die umgekehrte Richtung. PID-Regler, die in Kapitel 7 vorgestellt werden, sind

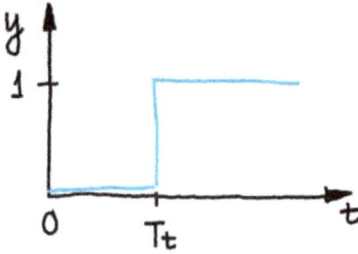

Abb. 5.10: Sprungantwort eines Totzeitprozesses mit Totzeit T_t. Der Sprung, der im Eingang zum Zeitpunkt 0 stattgefunden hat, findet nun zur Zeit T_t statt.

nicht in der Lage, Prozesse mit Umkehrantworten gut zu regeln. Stattdessen sollten die weiterführenden Reglerstrukturen aus Kapitel 8 zum Einsatz kommen.

5.5 Totzeitprozesse

In Prozessen kann es vorkommen, dass der Messwert nicht an der Stelle gemessen werden kann, wo Änderungen als Erstes gesehen werden, sondern erst durch eine Leitung fließen muss. Diese Transporte führen dynamisch gesehen zu Totzeiten. Totzeiten verschieben das Eingangssignal auf der Zeitachse nach rechts, siehe Abbildung 5.10. Dies wird durch den folgenden Zusammenhang von Eingangsgröße $u(t)$ und Ausgangsgröße $y(t)$ ausgedrückt:

$$y(t) = u(t - T_t) \tag{5.16}$$

Die Übertragungsfunktion eines Totzeitprozesses lautet:

$$G(s) = e^{-T_t s} \tag{5.17}$$

Diese Form passt nicht in die bisher betrachtete Form der allgemeinen gewöhnlichen Differentialgleichungen, die in Polynome umgewandelt werden können. Tatsächlich ist es schwierig, mit Totzeiten im Frequenzbereich umzugehen. Aus diesem Grund werden einige Methoden zum Entwurf eines Reglers, die wir später kennenlernen werden, nicht angewandt. Totzeiten kommen häufig in biotechnologischen Prozessen vor, da es oft Transportphänomene in Zu- und Ableitungen gibt.

5.6 Aufgaben

Aufgabe 5.1. Ein System kann mit der folgenden Differentialgleichung beschrieben werden.

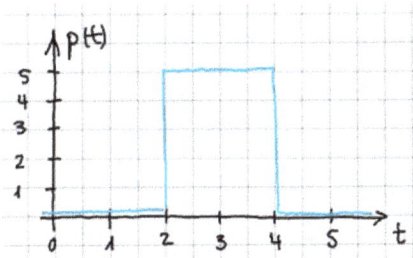

Abb. 5.11: Pulsförmiges Signal $p(t)$ aus Aufgabe 5.2. Finde die Laplace-Transformierte.

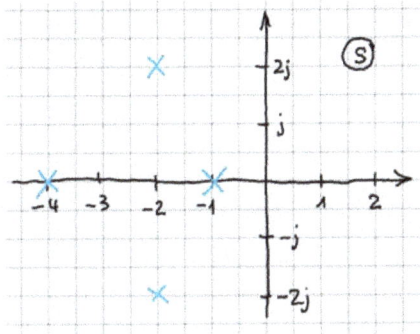

Abb. 5.12: Pol-Nullstellen-Diagramm eines Systems 4. Ordnung aus Aufgabe 5.3.

$$4\frac{d^2y}{dt^2} + 8\frac{dy}{dt} + 2y = 3u$$

Gib die Übertragungsfunktion an und bringe sie in die Standardform. Bestimme die Parameter, die ein System 2. Ordnung beschreiben (K_p, d und ω_0), sowie die Lage der Polstellen.

Aufgabe 5.2. Eine Pulsfunktion, wie in Abbildung 5.11 gezeigt, kann durch zwei verschobene Sprünge dargestellt werden. Gib die Laplace-Transformierte eines Pulses an.

Aufgabe 5.3. Ein System 4. Ordnung kann mit dem in Abbildung 5.12 dargestellten Pol-Nullstellen-Diagramm beschrieben werden. Wird das System oszillieren? Ist es stabil? Begründe.

Aufgabe 5.4. Ein System 5. Ordnung kann mit dem in Abbildung 5.13 dargestellten Pol-Nullstellen-Diagramm beschrieben werden. Wird das System oszillieren? Ist das System stabil? Begründe.

Aufgabe 5.5. Die Pole eines Systems 2. Ordnung liegen bei $s_{1/2} = -10 \pm j$. Gib den Dämpfungsfaktor d des Systems an.

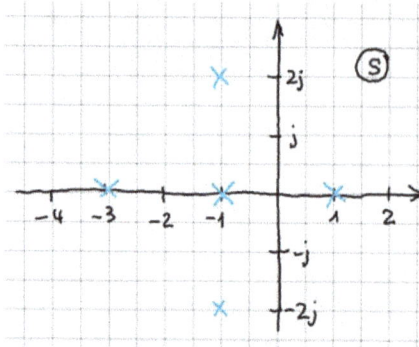

Abb. 5.13: Pol-Nullstellen-Diagramm eines Systems 5. Ordnung aus Aufgabe 5.4.

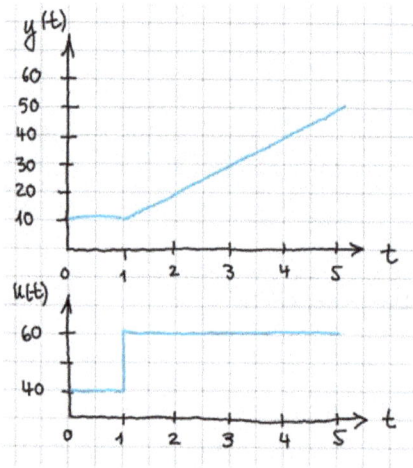

Abb. 5.14: Sprungantwort eines integrierenden Prozesses aus Aufgabe 5.7.

Aufgabe 5.6. Ein System 4. Ordnung besteht aus 4 PT_1-Systemen, die alle die Zeitkonstante $\tau = 2$ haben und die Prozessverstärkung $K_p = 2$. Gib die Koeffizienten der Übertragungsfunktion des Systems an, wenn dies in der Form

$$a_n \frac{d^n y}{dt^n} + \cdots + a_1 \frac{dy}{dt} + a_0 y = b_0 u$$

Aufgabe 5.7. Für einen integrierenden Prozess wurde eine Sprungantwort aufgenommen, siehe Abbildung 5.14. Bestimme die Geschwindigkeitsverstärkung K_v.

Aufgabe 5.8. Für einen integrierenden Prozess mit Totzeit wurde eine Geschwindigkeitsverstärkung $K_v = 4$ und eine Totzeit $T_t = 10\,\text{s}$ bestimmt. Zum Zeitpunkt $t = 0$ wird das Ventil von $u = 25\,\%$ auf $35\,\%$ geöffnet. Der Füllstand y war zum Zeitpunkt $t = 0$ konstant bei $y = 30\,\%$. Skizziere die Sprungantwort.

6 Analyse des geschlossenen Regelkreises

Nachdem wir die häufigsten Prozesstypen kennengelernt haben, betrachten wir den gesamten, geschlossenen Regelkreis (Closed Loop). Abbildung 6.1 zeigt das Blockdiagramm des geschlossenen Regelkreises, das wir bereits in Abbildung 2.3 kennengelernt hatten. Hier sind jedoch alle Signale im Frequenzbereich angegeben, zudem sind auch Prozess und Regler als Übertragungsfunktion dargestellt. Ein weiterer Unterschied zur Abbildung 2.3 ist, dass die Störgröße additiv zugeführt wird. Die Zuführung passiert nach dem Prozess. Dies ist ein Sonderfall der allgemeinen Berücksichtigung von Störgrößen und wird als Laststörung bezeichnet. Uns interessiert das dynamische Verhalten des geschlossenen Regelkreises. Im Frequenzbereich können wir die Übertragungsfunktionen aus den gesamten Blöcken ausdrücken.

In diesem Abschnitt stellen wir die Übertragungsfunktion des geschlossenen Regelkreises auf, sowohl für Änderungen im Sollwert als auch für Änderungen in der Laststörung. Hierzu betrachten wir zunächst Eigenschaften von Übertragungsfunktionen, die wir zur Ableitung des Übertragungsfunktionen des geschlossenen Regelkreises benötigen. Danach leiten wir die Führungs- und Störgrößenübertragung her. Im Anschluss betrachten wir Kriterien, mit denen wir die Regelgüte bestimmen können.

6.1 Eigenschaften von Übertragungsfunktionen

Übertragungsfunktionen können *additiv* wirken, das heißt eine Ausgangsgröße kann von mehreren Eingangsgrößen bestimmt werden. Dieses Prinzip ist in Abbildung 6.2 dargestellt. Hier sind zwei Prozesse parallel geschaltet, d. h. es gilt:

$$Y(s) = G_1(s)U_1(s) + G_2(s)U_2(s) \tag{6.1}$$

Die additive Eigenschaft im Regelkreis kommt dann zum Einsatz, wenn die beiden Signale, Sollwert und Istwert, verglichen werden sollen, d. h. subtrahiert werden sollen.

Übertragungsfunktionen können auch *multiplikativ* wirken, wenn Prozesse seriell hintereinandergeschaltet sind. Wenn zwei Prozesse mit den Übertragungsfunktionen

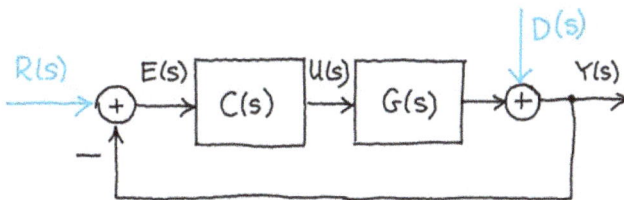

Abb. 6.1: Blockdiagramm des geschlossenen Regelkreises im Frequenzbereich mit Laststörung $D(s)$ und Sollwert $R(s)$.

https://doi.org/10.1515/9783111573038-006

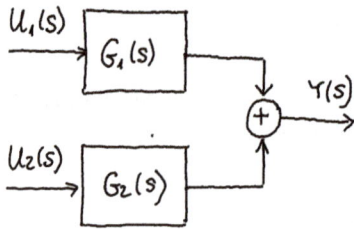

Abb. 6.2: Blockdiagramm zweier additiver Übertragungsfunktionen $G_1(s)$ und $G_2(s)$.

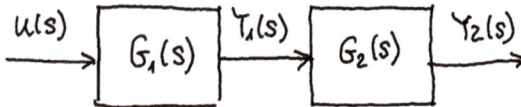

Abb. 6.3: Blockdiagramm zweier multiplikativer Übertragungsfunktionen $G_1(s)$ und $G_2(s)$.

$G_1(s)$ und $G_2(s)$ wie in Abbildung 6.3 hintereinander gezeichnet sind, dann ergibt der Eingang $U(s)$, der auf den ersten Prozess $G_1(s)$ wirkt, den Ausgang $Y_1(s)$, der wiederum zum Eingang von $G_2(s)$ wird. $G_2(s)$ produziert dann den Ausgang $Y_2(s)$. In Gleichungsform lautet dies:

$$Y_1(s) = G_1(s)U(s)$$
$$Y_2(s) = G_2(s)Y_1(s) = G_2(s)G_1(s)U(s)$$

(6.2)

Die Übertragungsfunktion von zwei in Reihe geschalteten Prozessen ist das Produkt der einzelnen Prozesse. Dies kommt beim geschlossenen Regelkreis zur Anwendung, da Regler und Prozess in Reihe geschaltet sind.

Mithilfe der Multiplikation und der Addition können wir nun die Übertragungsfunktion des geschlossenen Regelkreises bestimmen. Dies ist besonders interessant, wenn wir herausfinden möchten, wie der geschlossene Regelkreis auf Störungen oder Sollwertänderungen reagiert.

6.2 Führungs- und Störübertragungsfunktion

Das dynamische Verhalten des geschlossenen Regelkreises kann sich sowohl auf den Sollwert $R(s)$ (Führungsgröße) als auch auf die Störgröße $D(s)$ beziehen. In Abbildung 6.4 sind die Blockschaltbilder des geschlossenen Regelkreises aus Abbildung 6.1 dargestellt. Die Führungsübertragungsfunktion $G_R(s)$ beschreibt das Verhalten von $Y(s)$, wenn der Sollwert $R(s)$ sich verändert und die Störgröße $D(s)$ gleich null ist. Die Störübertragungsfunktion $G_D(s)$ beschreibt das Verhalten, wenn die Störgröße sich verändert aber der Sollwert $R(s)$ konstant. Konstant bedeutet, dass die Dynamik nicht vorhanden ist. Wir können damit den Sollwert ebenfalls gleich null setzen.

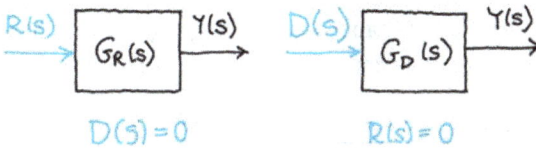

Abb. 6.4: Blockdiagramm der Führungs- und der Störungsübertragungsfunktion. Bei der Führungs-übertragungsfunktion ist die Eingangsgröße der Sollwert – auch Führungsgröße genannt – $R(s)$, bei der Störgrößenübertragungsfunktion ist der Eingang die Störgröße $D(s)$.

Beide Verhalten können aus Abbildung 6.1 abgeleitet werden. Dort gelten die folgenden Beziehungen, die wir aus den additiven und multiplikativen Eigenschaften des Prozesses folgern können. Wir stellen für jeden Block und jede Addition eine Gleichung auf.

Für die erste Addition:

$$E(s) = R(s) - Y(s)$$

Für den Block $C(s)$ und $G(s)$, die multiplikativ gereiht sind, sowie für die Störgröße, die additiv zur Regelgröße ist gilt

$$Y(s) = C(s)G(s)E(s) + D(s)$$

Setzen wir die Regelabweichung $E(s)$ in die letzte Gleichung ein, so erhalten wir

$$Y(s) = C(s)G(s)(R(s) - Y(s)) + D(s)$$

Nun können wir alle Faktoren mit $Y(s)$ auf die linke Seite der Gleichung und alle anderen Größen auf die rechte Seite bringen.

$$Y(s) + C(s)G(s)Y(s) = C(s)G(s)R(s) + D(s)$$

Wenn wir $Y(s)$ auf der linken Seite ausklammern, steht dort

$$(1 + C(s)G(s))Y(s) = C(s)G(s)R(s) + D(s)$$

Hieraus erhalten wir sowohl die Führungsübertragungsfunktion als auch die Störgrößenübertragungsfunktion, wie sie in Abbildung 6.4 dargestellt sind.

Für die *Führungsübertragungsfunktion* nehmen wir an, dass keine Störgröße auftritt, d. h. $D(s) = 0$

$$G_R(s) = \frac{Y(s)}{R(s)} = \frac{C(s)G(s)}{1 + C(s)G(s)} \tag{6.3}$$

Für die *Störgrößenübertragungsfunktion* oder auch Störübertragungsfunktion nehmen wir an, dass keine Sollwertänderung stattfindet, d. h. $R(s) = 0$

$$G_D(s) = \frac{Y(s)}{D(s)} = \frac{1}{1 + C(s)G(s)} \tag{6.4}$$

Beispiel (Füllstandsregelung). Manchmal fließt die Störgröße als reine Laststörung nach dem Prozessmodell ein, wie in Abbildung 6.1 dargestellt. Dies ist jedoch nicht immer der Fall. Wir können das Beispiel aus Abschnitt 3.1 für ein Beispiel einer Störübertragungsfunktion heranziehen. Hier wurde der Füllstand eines Behälters über den Zulauf geregelt, siehe Abbildung 3.2. Die Gleichung für den Füllstand h, die Regelgröße $y(t)$, ergab sich zu

$$A\frac{dh}{dt} = F_{ein} - F_{aus}$$

Der Zulauf F_{ein} ist die Stellgröße $u(t)$, da wir ihn über ein Ventil einstellen können. Der Ablauf F_{aus} ist die Störgröße $d(t)$. Wir gehen davon aus, dass der Ablauf von einem Prozessteil nach dem Behälter gesteuert wird und daher Schwankungen aufweisen kann.

Laplace-transformieren wir die Differentialgleichung, so erhalten wir im Frequenzbereich die Gleichung

$$AsY(s) = U(s) - D(s) \quad \text{oder} \quad Y(s) = \frac{U(s)}{As} - \frac{D(s)}{As}$$

Wir können die Störgröße auf zwei verschiedene Weisen mit dem Prozessmodell kombinieren, siehe Abbildung 6.5. Die Störübertragungsfunktion lässt sich für diesen Fall wie folgt berechnen:

$$G_D(s) = \frac{-\frac{1}{As}}{1 + C(s)\frac{1}{As}} = \frac{-1}{As + C(s)}$$

Wie die Störgröße auf den Prozess wirkt, kann sich je nach Anwendung unterscheiden: vor dem Prozess, nach dem Prozess oder als additive Komponente in den Zuständen des Prozesses. Aus diesem Grund ist im Beispiel der Füllstandsregelung in Abbildung 3.3 der Pfeil weder vor noch nach dem Prozess, sondern auf den Prozess gezeichnet.

6.3 Charakteristische Gleichung

Vergleichen wir die Führungs- und Störübertragungsfunktionen, so stellen wir fest, dass der Nenner der gleiche ist. Das liegt daran, dass die Übertragungsfunktion des geschlossenen Regelkreises auch als

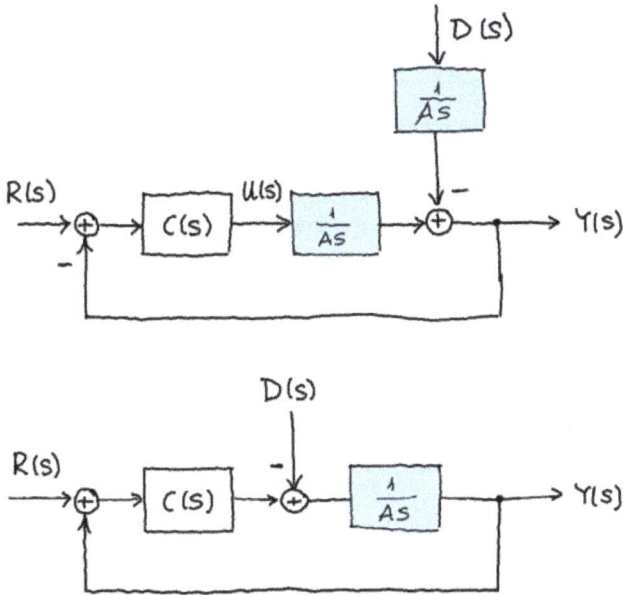

Abb. 6.5: Störgrößenaufschaltung in der Füllstandsregelung. Regelgröße $y(t)$ ist der Füllstand, Stellgröße $u(t)$ ist der Zulauf F_{ein} und Störgröße $d(t)$ ist der Ablauf F_{aus}. Die obere Abbildung zeigt eine Laststörung nach dem Prozessmodell und die untere Abbildung eine Laststörung vor dem Prozessmodell. Die beiden Abbildungen ergeben das gleiche Gesamtmodell.

$$G_{CL} = \frac{\text{Forward Path}}{1 + \text{Open Loop}}$$

geschrieben werden kann. Der *Forward Path* schließt die Blöcke zwischen Eingangs- und Ausgangsgröße ein, d. h. für $G_R(s)$ sind dies der Regler $C(s)$ und der Prozess $G(s)$, für $G_D(s)$ sind keine Blöcke zwischen $D(s)$ und $Y(s)$, daher ist der Forward Path gleich 1. *Open Loop* bezeichnet alle Elemente, die im geschlossenen Regelkreis auftreten inklusive dem Rückführungsweg. Der Nenner 1 + Open Loop ist daher für alle Übertragungsfunktionen desselben Regelkreises gleich. Der Nenner bestimmt auch die Pole der Übertragungsfunktion, die qualitativ über die Form der Ausgangsgröße $y(t)$ entscheiden. Die Pole sind die Nullstellen des Nenners, d. h. wir setzen den Nenner zu 0:

Charakteristische Gleichung

$$1 + \text{Open Loop} = 1 + C(s)G(s) = 0 \tag{6.5}$$

Dies nennen wir die *Charakteristische Gleichung* des geschlossenen Regelkreises. Die charakteristische Gleichung benutzen wir in der Differentialrechnung, um Lösungen für einen Polynom zu finden. Diese Lösungen ergeben die Pole des geschlossenen Regelkreises.

Die Pole der Übertragungsfunktion bestimmen damit größtenteils die charakteristische Form des dynamischen Verhaltens. Zum Beispiel geben sie Informationen darüber, ob der geschlossene Regelkreis stabil, marginal stabil oder instabil ist.

Die Nullstellen des geschlossenen Regelkreises werden im Zählerpolynom der Führungs- und Störgrößenübertragungsfunktion behandelt. Sie haben ebenfalls eine Auswirkung auf das dynamische Verhalten des geschlossenen Regelkreises, jedoch sind sie nicht so entscheidend wie die Pole.

6.4 Kriterien zur Bewertung der Regelgüte

Ob das Verhalten des geschlossenen Regelkreises gut oder schlecht ist, hängt von den Anforderungen an das dynamische Verhalten ab. Verändert sich der Eingangswert $r(t)$, der Sollwert, sprungartig, so möchten wir, dass die Prozessgröße $y(t)$ idealerweise sich ebenso sprungartig verändert. Wie ein Kleinkind wollen wir, dass sich der geschlossene Regelkreis auf den neuen Sollwert *sofort* einstellt. D. h. idealerweise sollte die Regelgröße zur gleichen Zeit einen Sprung machen. Dies ist physikalisch nicht realisierbar. Daher suchen wir Kriterien, die beschreiben, wie sehr der Prozess von diesem Idealverhalten abweicht.

Falls ein PT_1-Prozess vorliegt, ist die beschreibende dynamische Größe die Zeitkonstante τ. Je kleiner τ ist, desto schneller ist der Prozess. Die Übertragungsfunktion eines PT_1-Prozesses $G(s) = K_P/(\tau s + 1)$ hat einen Pol bei $s = -\frac{1}{\tau}$. Wenn τ klein ist, dann ist der Pol weiter vom Ursprung entfernt. Abbildung 6.6 zeigt die Polstelle des PT_1-Prozesses. Je weiter der Pol links in der komplexen s-Ebene liegt, desto schneller ist der Prozess. Die markierte Fläche zeigt, wo in der s-Ebene der Prozess schneller als eine gegebene Zeitkonstante τ_1 ist.

Bei nicht schwingfähigen PT_2-Prozessen aus Abschnitt 5.3.1 liegen die Pole auf der realen Achse und es kann ähnlich wie bei PT_1-Prozessen vorgegangen werden.

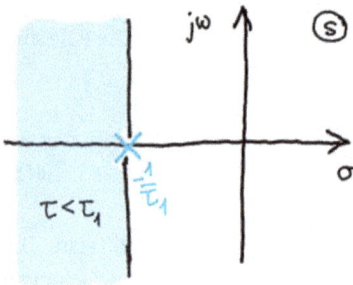

Abb. 6.6: Polstelle eines PT_1-Prozesses in der komplexen s-Ebene. Der Pol liegt bei $\frac{-1}{\tau_1}$. Alle Prozesse, deren Pol kleiner als τ_1 ist, sind schneller und liegen im farblich markierten Bereich und haben ein besseres (schnelleres) Verhalten als der Pol auf der markierten Stelle.

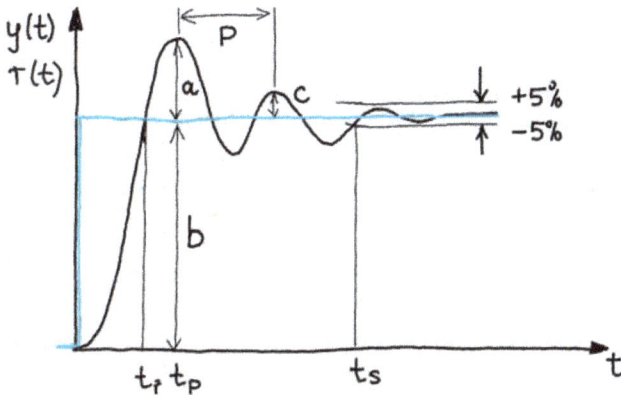

Abb. 6.7: Sprungantwort eines PT$_2$-Prozesses mit den wichtigsten Gütekriterien: Anstiegszeit t_r (rise time), Überschwingzeit t_p (peak time), Beruhigungszeit t_s (settinglin time) und Periode P.

> Wenn ein Prozess mit vielen Polen betrachtet wird, gilt das Prinzip des *schwächsten Glieds in der Kette*: Der Prozess wird vom langsamsten Pol bestimmt und kann nie schneller als dieser Pol werden. Es ist egal, wie schnell die anderen Pole sind. Wir sprechen auch von dem *dominierenden Pol* oder *dominierenden Polpaar*. Das Gleiche gilt für andere Kriterien der Regelgüte wie Stabilität oder Amplitude.

Schwingfähige PT$_2$-Prozesse mit $0 < d < 1$ haben eine Sprungantwort, deren Zeitverlauf in Abbildung 6.7 dargestellt ist. Um die Regelgüte zu bestimmen, benötigen wir ein Maß der Abweichung vom idealen, sprungartigen Verhalten. Das Maß kann für verschiedene Anwendungen unterschiedlich gewählt werden. Es haben sich aber verschiedene Indikatoren etabliert, die generell das Zeitverhalten gut bewerten und deren Größe in Zusammenhang mit den Parametern d und ω_0 gebracht werden kann, die wir aus Abschnitt 5.3.2 kennen. Hier werden drei Indikatoren im Zeitbereich aufgegriffen:

1. Die Anstiegszeit t_r ist die Zeit, die es dauert, bis der Istwert (die Regelgröße) zum ersten Mal den Endwert erreicht.
2. Die Überschwingzeit t_p ist die Zeit bis zum ersten Überschwinger.
3. Die Beruhigungszeit t_s ist die Zeit bis die Regelgröße ein schmales Band mit Weite ϵ um den Endwert nicht mehr verlässt. Die Oszillationsperiode P.

Wenn der Prozess keinen Überschwinger aufweist, d. h. $d \geq 1$, dann ist die Einschwingzeit die Zeit, die es dauert bis der Prozess auf 95 % des Endwertes ansteigt. Es gibt zudem Indikatoren im Amplitudenbereich, d. h. wir betrachten die y-Achse:

1. Die Überschwingweite $\Delta h = \frac{a}{b}$ in %.
2. Die Abklingrate $\frac{c}{a}$ in %.

Für den gedämpften Schwingfall gibt es analytisch hergeleitete Beziehungen zwischen den Parametern der Regelgüte und den Parameter des Prozessmodells d und ω_0 eines PT$_2$-Prozesses. Das Prozessmodell wurde mit der Gleichung

$$G(s) = \frac{K_p \omega_0^2}{s^2 + 2d\omega_0 s + \omega_0^2}$$

beschrieben, in der die Parameter d und ω_0 das dynamische Verhalten beschreiben, während K_p den Endwert angibt. Es gilt der Zusammenhang dieser Prozessparameter mit den Kriterien für die Regelgüte:

$$\text{Überschwingzeit:} \quad t_p = \frac{\pi}{\omega_0 \sqrt{1 - d^2}} \tag{6.6}$$

$$\text{Beruhigungszeit:} \quad t_s = -\frac{\ln \epsilon}{d\omega_0} \tag{6.7}$$

$$\text{Überschwingweite:} \quad \Delta h = \exp{-\frac{\pi d}{\sqrt{1 - d^2}}} \tag{6.8}$$

Andersherum können auch die natürliche Frequenz ω_0 sowie die Dämpfung d mithilfe eines Sprungfunktionsexperimentes bestimmt werden. Dies wird im folgenden Beispiel gezeigt.

Übung. Ein Sprungantwortexperiment wurde durchgeführt und eine Antwort ähnlich Abbildung 6.7 festgestellt mit einer Überschwingweite $\Delta h = a/b = 10\,\%$. Die Überschwingzeit wurde mit $t_p = 5$ Sekunden bestimmt. Berechne ω_0 und d.

Lösung. Die Überschwingweite ist allein eine Funktion der Dämpfung d. Durch Umstellung der Gleichung erhalten wir: $\ln \Delta h = -\frac{\pi d}{\sqrt{1-d^2}}$. Wenn wir dies mit $\sqrt{1 - d^2}$ multiplizieren, wird dies zu

$$\sqrt{1 - d^2}\,\ln \Delta h = -\pi d$$

Dies müssen wir quadrieren, um die Wurzel aufzulösen und umzuformen.

$$(1 - d^2)\ln^2 \Delta h = \pi^2 d^2$$

$$\ln^2 \Delta h - d^2 \ln^2 \Delta h = \pi^2 d^2$$

$$\ln^2 \Delta h = d^2 \ln^2 \Delta h + \pi^2 d^2$$

$$\ln^2 \Delta h = (\ln^2 \Delta h + \pi^2)d^2$$

$$\frac{\ln^2 \Delta h}{\ln^2 \Delta h + \pi^2} = d^2$$

Der Dämpfungsfaktor d kann auf diese Weise als Funktion der Überschwingweite Δh ausgedrückt werden:

$$d = \sqrt{\frac{\ln^2 \Delta h}{\ln^2 \Delta h + \pi^2}} \tag{6.9}$$

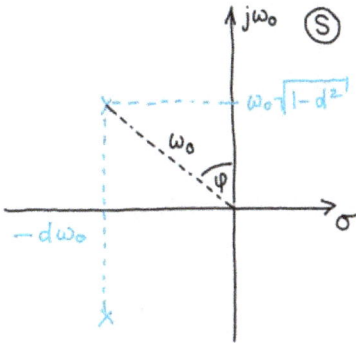

Abb. 6.8: Realteil $\sigma = -d\omega_0$ und Imaginärteil $\omega = \omega_0\sqrt{1-d^2}$ der Pole eines PT_2-Prozesses in der s-Ebene. Die gestrichelte, schwarze Linie ist die Hypotenuse im rechtwinkligen Dreieck und hat die Länge ω_0. Der Winkel ϕ hängt allein von der Dämpfung d ab.

Setzen wir den Wert $\Delta h = 0{,}1$ ein, so erhalten wir $d = 0{,}59$. Dies können wir in die Formel für die Überschwingzeit $t_p = \pi/(\omega_0\sqrt{1-d^2}) = 5$ einsetzen, die wir nach ω_0 aufgelöst haben:

$$\omega_0 = \frac{\pi}{5\sqrt{1-d^2}} = 0{,}78$$

Abbildung 6.8 zeigt die Lage der komplexen Pole des PT_2-Prozesses in der s-Ebene. Dabei können wir eine gestrichelte Linie von Ursprung zu Pollage ziehen. Dieser Abstand des Pols zum Ursprung hat die Länge ω_0. Dies kann man über den Pythagoras-Satz des rechtwinkligen Dreiecks leicht nachvollziehen, denn die Distanz auf der x-Achse vom Ursprung bis zur Polstelle ist $d\omega_0$ und die Strecke auf der y-Achse ist $\omega_0\sqrt{1-d^2}$, sodass wir die Länge x der gestrichelten roten Linie berechnen können:

$$x^2 = \left(\omega_0\sqrt{1-d^2}\right)^2 + (d\omega_0)^2 = \omega_0^2$$

Das bedeutet, dass die gestrichelte, schwarze Linie die Länge ω_0 hat.

Die Kriterien zur Regelgüte im Zeitbereich reflektieren sich in der Lage der Pole im Frequenzbereich und für schwingfähige PT_2-Prozesse können Zusammenhänge zwischen den Kriterien und der Pollage analytisch bestimmt werden.

Für einen PT_1 Prozess haben wir gesehen, dass je weiter links auf der s-Ebene der Pol lag, desto kleiner ist die Zeitkonstante. Eine kleinere Zeitkonstante bedeutet eine schnellere Sprungantwort, die meist gewünscht ist. Bei einem PT_2-Prozess mit einem komplex konjugierten Polpaar können wir ähnlich Zusammenhänge festhalten.

So gilt zum Beispiel für die Beruhigungszeit $t_s = -\frac{\ln\epsilon}{d\omega_0}$. Da $\ln\epsilon$ eine Konstante ist, bedeutet dies, dass $d\omega_0$ groß sein sollte, damit t_s klein ist und der Prozess sich schnell

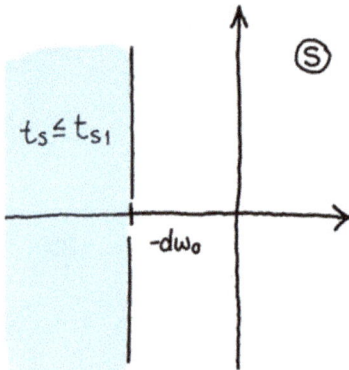

Abb. 6.9: Beruhigungszeit t_s im Frequenzbereich. Der markierte Bereich ist der Bereich, für den die Beruhigungszeit kleiner als die geforderte Regelgüte.

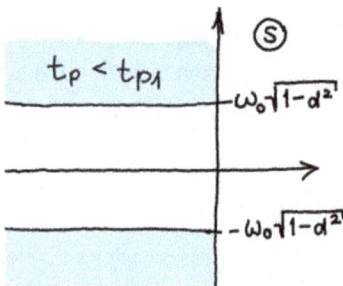

Abb. 6.10: Überschwingzeit t_p im Frequenzbereich. Der markierte Bereich ist der Bereich, für den die Überschwingzeit kleiner als die geforderte Regelgüte ist.

beruhigt. Dies ist wünschenswert. Wird zum Beispiel festgelegt, dass die Beruhigungszeit $t_s < 1$ Sekunde sein soll, so kann die Gleichung $t_{s1} = \frac{\ln \epsilon}{d\omega_0} < 1$ zur Hilfe genommen werden.

Der Teil der Frequenzebene, für den diese Ungleichung erfüllt ist, wird durch die Ungleichung $-\ln \epsilon < d\omega_0$ beschrieben. Dies bedeutet, dass $d\omega_0$ größer als der positive Wert $-\ln \epsilon$ sein soll (ϵ ist kleiner als 0, daher ist $\ln \epsilon$ negativ.) Dieser Bereich in der Frequenzebene ist in Abbildung 6.9 farblich markiert dargestellt.

Die gleichen Überlegungen kann man auch für die Überschwingzeit anstellen. Eine Anforderung an die Regelgüte kann eine Überschwingzeit t_p von kleiner als 0,1 Sekunden sein. Dies kann in die Gleichung $t_p = \pi/(\omega_0 \sqrt{1-d^2}) < 0.1$ eingesetzt werden. Damit erhalten wir den Bereich in der Frequenzebene für den gilt: $10\pi < \omega_0 \sqrt{1-d^2}$. Dieser Bereich ist in Abbildung 6.10 in farblich markiert.

Gibt es eine Anforderung an die Überschwingweite, so kann daraus die Dämpfung laut Gleichung (6.9) berechnet werden. Die Dämpfung ist in Abbildung 6.8 nicht direkt abzulesen. Jedoch ist zu beachten, dass der Winkel ϕ, der in Abbildung 6.8 eingetragen

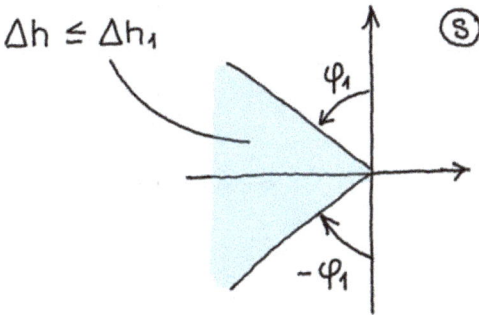

Abb. 6.11: Überschwingweite Δh im Frequenzbereich. Der farblich markierte Bereich ist der Bereich, für den die Überschwingweite kleiner als die geforderte Regelgüte ist.

ist, eine Funktion von d ist, denn der Winkel ϕ ist im rechtwinkligen Dreieck die Gegenkathete geteilt durch die Hypotenuse:

$$\sin \phi = \frac{d\omega_0}{\omega_0} = d$$

Damit d kleiner als ein vorgegebener Wert ist, muss ϕ in der Frequenzebene kleiner als ein bestimmter Winkel sein. Dies ist in Abbildung 6.11 dargestellt.

> Die Überschwingweite Δh hängt ausschließlich von Dämpfung d ab und d ist eine Funktion des Winkels ϕ des dominierenden komplex konjugierten Polpaares: $\sin \phi = d$.

Übung. Bestimme den Bereich in der s-Ebene, für den die folgenden Bedingungen an die Regelgüte erfüllt sind: Die Überschwingweite ist kleiner als 4 % und die Beruhigungszeit ist größer als 3 Sekunden mit $\epsilon = 5\,\%$.

Lösung. Die erste Anforderung bezüglich der Überschwingweite Δh ergibt nach Gleichung (6.9) die Dämpfung

$$d = \sqrt{\frac{\ln^2 \Delta h}{\ln^2 \Delta h + \pi^2}} = \sqrt{\frac{\ln^2 0{,}04}{\ln^2 0{,}04 + \pi^2}} = 0{,}707.$$

Damit ergibt sich eine Bedingung für den Winkel ϕ, der größer als $\phi = \sin d^{-1} = 45°$ sein muss. Aus der zweiten Anforderung folgt, dass $t_s = -\frac{\ln \epsilon}{d\omega_0} < 3$ ist. Dabei ist $\epsilon = 0.05$ angegeben und somit gilt $-\ln \epsilon = -\ln 0{,}05 \approx 3$. Darauf folgt für $d\omega_0 > \frac{3}{3} = 1$. Dies bedeutet, dass der Realteil kleiner als 1 sein muss. Beide Anforderungen sind in Abbildung 6.12 zusammen dargestellt.

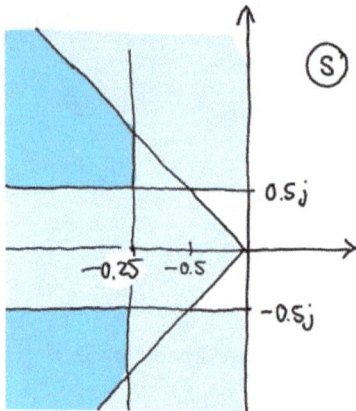

Abb. 6.12: Bereich in der s-Ebene, der die Randbedingungen $\Delta h < 0{,}04$ und $t_s < 3$ erfüllt. Die Überschwing-weite Δh erfordert einen Winkel größer als 45°, die Beruhigungszeit t_s fordert einen Realteil, der kleiner als $-0{,}25$ ist.

6.5 Aufgaben

Aufgabe 6.1. Für den geschlossenen Regelkreis wurde die folgende Übertragungsfunktion bestimmt:

$$G_{CL}(s) = \frac{3}{s^2 + 2s + 5}$$

Bestimme die Pole des Prozesses sowie die Überschwingzeit t_p, die Beruhigungszeit t_s und die Überschwingweite Δh.

Aufgabe 6.2. Für einen geregelten Prozess wird gefordert, dass eine Überschwingweite von 5 % nicht übertroffen werden soll. Zeichne in der s-Ebene ein, welche Polpositionen für dieses Kriterium akzeptabel sind.

Aufgabe 6.3. Für einen geregelten Prozess wird eine Beruhigungszeit von maximal 4 (Sekunden) gefordert ($\epsilon = 0.05$). Zeichne in der s-Ebene ein, welche Polpositionen für dieses Kriterium akzeptabel sind.

Aufgabe 6.4. In Abbildung 2.3 wird der Sensor im geschlossenen Regelkreis im unteren Teil der Rückführung gezeichnet. Nehme die folgenden Übertragungsfunktionen an: Regler $C(s)$, Aktor $G_v(s)$, Prozess $G(s)$, Sensor $G_m(s)$. Bestimme die Übertragungsfunktion des geschlossenen Regelkreises $G_{CL}(s)$, die das dynamische Verhalten der Regelgröße $Y(s)$ zum Sollwert $R(s)$ beschreibt.

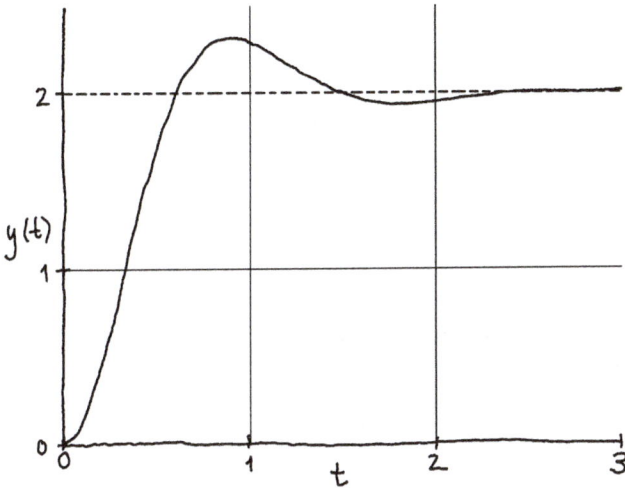

Abb. 6.13: Sprungantwort eines geschlossenen Regelkreises in Aufgabe 6.5.

Aufgabe 6.5. Abbildung 6.13 zeigt eine Sprungantwort eines geschlossenen Regelkreises, der komplex konjugierte Pole und daher einen Überschwinger hat. Bei dem Sprung handelt es sich um einen Einheitssprung $s(t)$.

(a) Bestimme die Überschwingweite Δh, die Überschwingzeit t_p und die Beruhigungszeit t_s.

(b) Berechne hieraus die Lage der Pole und leite die Übertragungsfunktion ab.

Aufgabe 6.6. Ein allgemeiner Prozess 1. Ordnung soll mit einem P-Regler geregelt werden. Bestimme den Zeitverlauf der Stellgröße $u(t)$ bei einer Sollwertänderung von 0 auf 1.

7 PID-Regler

In Kapiteln 3 bis 5 haben wir uns mit der Prozessbeschreibung $G(s)$ beschäftigt. In Kapitel 6 haben wir die Anforderungen an die Regelgüte des geschlossenen Regelkreises festgelegt. In diesem und den folgenden Kapiteln beschäftigen wir uns nun mit dem Entwurf des Reglers. Entwurf oder Design des Reglers bedeutet, dass wir die Reglerfunktion $C(s)$ bestimmen, wie im geschlossene Regelkreis in Abbildung 7.1 dargestellt.

Der in der Praxis am häufigsten verwendete Regler ist der PID-Regler. Wir stellen diesen hier zunächst vor, indem wir die Komponenten P, I und D einzeln behandeln. Jede Komponente hat einen zugehörigen Parameter, den wir einstellen müssen. Ein wichtiges Problem, dass bei praktischen Anwendungen auftreten kann, ist Windup. Die Konsequenzen von Windup und eine Methode, um Windup zu beheben, wird hier erläutert. Der PID-Regler ist unter anderem beliebt, weil er mit einfachsten Mitteln in einer diskreten Form implementiert werden kann. In diesem Kapitel wird auf die diskrete Implementierung eingegangen.

7.1 Definitionen

Der PID-Regler ist aus drei Komponenten aufgebaut: Proportional-, Integral- und Differential-Anteil. Wir beginnen mit dem Proportional-Anteil und motivieren die Erweiterung um zunächst den Integral-Anteil auf einen PI-Regler und dann um den Differential-Anteil auf einen PID-Regler.

In den folgenden Abschnitten führen wir schrittweise die Komponenten des PID-Reglers ein. Zunächst betrachten wir den einfachsten Fall eines Proportional-Reglers (P-Regler). Danach führen wir den I-Anteil ein. Allerdings gibt es keinen I-Regler, der I-Anteil erfolgt immer im Zusammenhang mit dem P-Anteil. Das Gleiche gilt für den D-Anteil, der in Verknüpfung mit dem P- oder PI-Regler eingeführt werden kann. Damit gibt es P-, PI-, PID- oder PD-Regler. Wann welcher dieser Regler eingesetzt wird, ist eine Kunst und wird im folgenden Abschnitt unter Einstellregeln diskutiert.

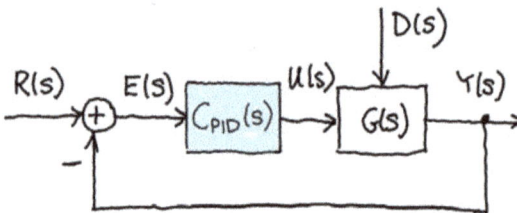

Abb. 7.1: Der allgemeine Regelkreis. $C(s)$ ist die dynamische Reglerfunktion und wird in diesem Kapitel durch den PID-Regler $C_{PID}(s)$ ersetzt.

https://doi.org/10.1515/9783111573038-007

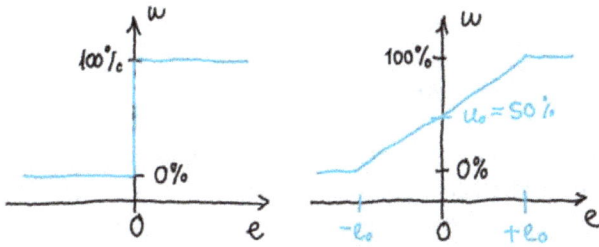

Abb. 7.2: Zusammenhang zwischen Regelabweichung $e(t)$ und Stellgröße $u(t)$ für einen Zweipunktregler (links) und einen P-Regler (rechts). Der P-Regler agiert in einem Band zwischen $-e_0$ und $+e_0$ mit einer Stellgröße u, die zwischen 0 % und 100 % liegt.

7.1.1 P-Regler

Der Zweipunktregler, der in Abschnitt 2.3 vorgestellt wurde, hatte den Nachteil, dass die Regelgröße um den Endwert schwankt. Abbildung 7.2 zeigt, wie der Zweipunktregler erweitert werden kann. Ist die Regelabweichung e innerhalb des Bereiches zwischen $-e_0$ und $+e_0$, so ist der Reglerausgang, die Stellgröße, proportional zur Regelabweichung. In diesem Bereich gilt:

$$u(t) = Ke(t) + u_0 \qquad (7.1)$$

Dies bedeutet, dass bei einer größeren Regelabweichung $e(t)$ der Regler auch ein größeres Signal an den Aktor gibt und ihn anweist, der Regelabweichung entgegenzuwirken. Der Regler ist jedoch durch die Wirkmöglichkeit des Aktors beschränkt. Ein Ventil kann nur zwischen 0 % und 100 % geöffnet sein. Ein Motor kann nur minimal aus oder maximal auf der vollen Drehzahl eingestellt sein.

Die Größe u_0 ist die Stellgröße, die eingestellt wird, wenn die Regelabweichung $e(t)$ gleich 0 ist, d. h. wenn der Istwert $y(t)$ gleich dem Sollwert $r(t)$ ist. In vielen Fällen wir u_0 gleich 50 % gewählt. Dies bedeutet zum Beispiel, dass das Ventil halb geöffnet bleibt.

Ein halb geschlossenes Ventil wirkt jedoch als Bremse im Prozess. Deshalb kann es sinnvoll sein, u_0 größer, zum Beispiel gleich 70 % zu setzen. In diesem Fall liegen die Grenzen der Regelabweichung nicht bei $\pm e_0$, sondern bei $+e_0$ und $-\frac{70\,\%}{30\,\%} e_0 = -2{,}33 e_0$.

Damit kann der Regler nicht gleich viel in die positive Richtung reagieren, wie in die negative. In der positiven Richtung steht ein Stellbereich von 100 % − 70 % = 30 % zur Verfügung. Dies bedeutet, dass große Störungen in diese Richtung nicht kompensiert werden können bzw. dass der Sollwert nicht gleich stark erhöht werden kann.

Verwenden wir einen reinen P-Regler, so müssen wir die Größe u_0 wählen. Wenn nicht anders vorgegeben, wählen wir sie als 50 %.

Der Zusammenhang des P-Reglers im Frequenzbereich lautet:

$$U(s) = KE(s)$$

Die Größe u_0 erscheint hier durch die Transformation in den Laplace-Bereich nicht. Allerdings muss ggf. bei einer Rücktransformation die Anfangswerte und damit der Wert u_0 berücksichtigt werden. Es gilt für die Übertragungsfunktion des P-Reglers

$$C_P(s) = \frac{U(s)}{E(s)} = K \tag{7.2}$$

K nennen wir auch die *Reglerverstärkung*.

Ein fundamentaler Nachteil des P-Reglers wird aus der folgenden Überlegung im Frequenzbereich ersichtlich: Ein PT_1-Prozess soll mit einem P-Regler geregelt werden. Die Übertragungsfunktion des Prozesses lautet:

$$G(s) = \frac{K_p}{\tau s + 1}$$

Und die Übertragungsfunktion des Reglers ist $C_P(s) = K$. Die Führungsübertragungsfunktion des geschlossenen Regelkreises ist in Abschnitt 6.2 gegeben:

$$G_R(s) = \frac{Y(s)}{R(s)} = \frac{G(s)C_P(s)}{1 + G(s)C_P(s)}$$

Setzen wir die Übertragungsfunktionen des Prozesses und des Reglers ein, so erhalten wir

$$G_R(s) = \frac{K\frac{K_p}{\tau s+1}}{1 + K\frac{K_p}{\tau s+1}}$$

Erweitern wir den Zähler mit $\tau s + 1$ so erhalten wir

$$G_R(s) = \frac{KK_p}{\tau s + 1 + KK_p}$$

Dies ist ein Prozess 1. Ordnung, den wir jedoch noch in die Standardform bringen müssen, indem wir Zähler und Nenner mit $\frac{1}{1+KK_p}$ erweitern. Tun wir dies, so ist der Term a_0 im Nenner gleich 1:

$$G_R(s) = \frac{\frac{KK_p}{1+KK_p}}{\frac{\tau}{1+KK_p}s + 1} \tag{7.3}$$

Damit können wir die *Verstärkung des geschlossenen Regelkreises* ablesen: $\frac{KK_p}{1+KK_p}$. Die *Zeitkonstante des geschlossenen Regelkreises* τ_{CL} ist

$$\tau_{CL} = \frac{\tau}{1 + KK_p}$$

Wir möchten jetzt herausfinden, ob der geschlossene Regelkreis in der Lage ist, dem Sollwert zu folgen. Dazu nehmen wir an, dass der Sollwert $r(t)$ zu Anfang gleich 0 ist. Zum Zeitpunkt $t = 0$ steigt der Sollwert nun auf 1 an. Die Regelaufgabe lautet also: Die Regelgröße $y(t)$ möglichst schnell auf diesen neuen Wert zu bringen, d. h. $y(t)$ soll so schnell wie möglich auch 1 werden. Das dynamische Verhalten des geschlossenen Regelkreises können wir aus der Übertragungsfunktion in Gleichung (7.3) erkennen. Es handelt sich um ein PT$_1$-Prozess, der mit der Zeitkonstante τ_{CL} ansteigt. Aber welchen neuen Wert nimmt die Regelgröße $y(t)$ am Ende an? Mit *am Ende* meinen wir den Fall, in dem $t \to \infty$ geht, oder den Endwert.

Dazu können wir den Endwertsatz aus Abschnitt 4.1 und Gleichung (4.8) für den Einheitssprung benutzen und Gleichung (7.3) einsetzen:

$$\lim_{t\to\infty} y(t) = \lim_{s\to 0} G_R(s) = \lim_{s\to 0} \frac{\frac{KK_p}{1+KK_p}}{\frac{\tau}{1+KK_p}s + 1} = \frac{KK_p}{1 + KK_p}$$

Dies bedeutet, dass der Endwert nicht wie erwartet 1 ist, sondern eine Zahl $\frac{KK_p}{1+KK_p}$, die kleiner als 1 ist. Der Endwert ist im Verlauf der Sprungantwort in Abbildung 7.3 dargestellt. Wir sehen, dass damit eine *bleibende Regelabweichung* entsteht, die die Größe

$$\text{Offset} = 1 - \frac{KK_p}{1 + KK_p} = \frac{1 + KK_p - KK_p}{1 + KK_p} = \frac{1}{1 + KK_p}$$

hat. Der Offset ist ebenfalls in Abbildung 7.3 dargestellt.

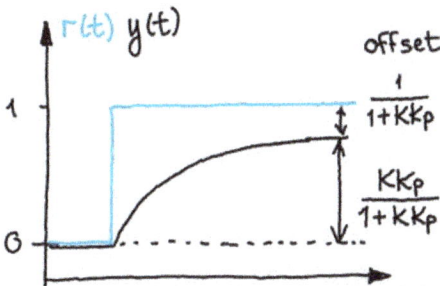

Abb. 7.3: Sprungantwort einer PT$_1$-Strecke, die mit einem P-Regler geregelt wird. Der Istwert $y(t)$ erreicht nicht den Sollwert $r(t)$, sondern bleibt in der Größe des Offsets unterhalb des gewünschten Wertes.

Wenn die Regelverstärkung K sehr groß und auf jeden Fall sehr viel größer als 1 wird, dann ist die 1 im Nenner vernachlässigbar und der Bruch ist ungefähr 1. In diesem Fall erreicht die Regelgröße den Sollwert.

Allerdings ist eine große Regelverstärkung K nicht immer physikalisch möglich. Eine große Regelverstärkung bedeutet, dass die Stellgröße u sehr groß wird. Alle Aktoren (Ventile, Motoren usw.) sind jedoch limitiert. Ein Ventil kann nur 100 % aufgehen, auch wenn der Regler eine Stellgröße von $u(t) = 300\,\%$ berechnet. Damit sind große Reglerverstärkungen K nicht realisierbar. Es ist allgemein schwierig, mit der Limitierung des Aktors mathematisch umzugehen und sie in die Führungsübertragungsfunktion einzubauen.

Abgesehen von der physikalischen Limitierung ist eine große Regelverstärkung wünschenswert, da wir damit auch die Dynamik des geschlossenen Regelkreises schneller machen. Die Zeitkonstante des geschlossenen Regelkreises hatten wir mit $\tau_{CL} = \frac{\tau}{1+KK_p}$ bestimmt. Diese sollte so klein wie möglich sein, damit die Regelgröße dem Sollwert folgt. Dies erreichen wir auch, wenn K sehr groß ist, da dann die Zeitkonstante umgekehrt proportional kleiner wird.

> Der P-Regler hat den strukturellen Nachteil der bleibenden Regelabweichung (Offset), d. h. bei Sollwertänderungen kann der Regler die Regelgröße nicht auf den gewünschten Sollwert bringen. Eine große Reglerverstärkung K minimiert den Offset, ist jedoch meist physikalisch nicht realisierbar. Dieser Nachteil kann im Frequenzbereich nachvollzogen werden. Dies gilt für Prozesse mit Ausgleich.

Übung. Ein Füllstand (integrierend) soll mit einem P-Regler geregelt werden. Berechne die bleibende Regelabweichung.

Lösung. Ein Füllstand ist, wenn nicht anders angegeben, eine integrierende Strecke, vergleiche Abschnitt 3.1. Die Übertragungsfunktion der Strecke lautet:

$$G(s) = \frac{K_v}{s}$$

Der P-Regler hat die Übertragungsfunktion $C(s) = K$ und damit lautet die Führungsübertragungsfunktion des geschlossenen Regelkreises

$$G_R(s) = \frac{C(s)G(s)}{1 + C(s)G(s)} = \frac{\frac{KK_v}{s}}{1 + \frac{KK_v}{s}} = \frac{KK_v}{s + KK_v}$$

Geben wir einen Einheitssprung auf den Sollwert, dann erwarten wir, dass auch die Regelgröße dem folgt und dass der Endwert gleich 1 ist. Wenden wir den Endwertsatz nach Gleichung (4.8) an, so erhalten wir

$$\lim_{t \to \infty} y(t) = \lim_{s \to 0} G_R(s) = \frac{KK_v}{KK_v} = 1$$

Der P-Regler wird oft für integrierende Prozesse (Prozesse ohne Ausgleich) eingesetzt, da er bei Sollwertänderungen keine bleibende Regelabweichung zur Folge hat.

Ändert sich die Störgröße bei einem integrierenden Prozess, der mit einem P-Regler geregelt wird, so stellt sich jedoch wieder eine bleibende Regelabweichung ein. Bei Füll-standsregelungen ist dies jedoch meist nicht dramatisch, da keine hohe Regelgüte gefordert wird.

7.1.2 I-Anteil

Wir hatten gesehen, dass sich keine bleibende Regelabweichung ergibt, wenn der P-Regler einen I-Prozess regelt. Es liegt nahe, einen I-Anteil auch im Regler einzuführen.

Zunächst betrachten wir den Regler im Zeitbereich. Es gilt nach Gleichung (7.1) für den P-Regler:

$$u(t) = Ke(t) + u_0$$

Wir mussten dabei u_0 so wählen, dass der Sollwert erfüllt wird, wenn die Regelab-weichung $e(t)$ gleich 0 ist. Nun ersetzen wir u_0 durch das Integral über die Regelabwei-chung.

$$u(t) = Ke(t) + K_i \int_0^t e(\tau) \mathrm{d}\tau \tag{7.4}$$

Damit haben wir einen PI-Regler. Den Faktor K_i nennen wir die Integrationskon-stante oder Nachstellzeit. Die Zeitgröße τ ist eine Hilfszeitgröße, die wir zur Integration benutzen, da wir vom Zeitpunkt 0 bis zum Zeitpunkt t integrieren. Dies bedeutet, dass wir mit der Integration beginnen, wenn wir den Regler zum Zeitpunkt $t = 0$ einschalten.

Abbildung 7.4 zeigt den ungefähren Zeitverlauf des geschlossenen Regelkreises ei-nes PT$_2$-Prozesses, der mit einem PI-Regler geregelt wird. Zum Zeitpunkt $t = 0$ wird der Sollwert geändert.

Wir können uns vorstellen, dass es sich um ein Auto handelt, bei dem wir zum Zeit-punkt $t = 0$ losfahren und eine Geschwindigkeit von 30 km/h erreichen wollen. Der Sollwert $r(t)$ springt also zum Zeitpunkt $t = 0$ von 0 auf z. B. 30 km/h, siehe (i). Abbil-dung (ii) in Abbildung 7.4 zeigt die Regelabweichung $e(t) = r(t) - y(t)$ an. Diese springt zum Zeitpunkt $t = 0$ durch die plötzliche Diskrepanz auf 30 km/h an und sinkt, wenn wir uns dem Sollwert nähern, kontinuierlich ab. Abbildung (iii) zeigt die Integration der Regelabweichung $\int e(\tau)\mathrm{d}\tau$ an, d. h. die gelb markierte Fläche im obersten Graphen.

Während der Proportionalteil $e(t)$ gegen null gehen muss, wächst der Integralteil auf einen neuen Wert an, der u_0 entspricht. Treten keine weiteren Störungen auf und wird der Sollwert nicht wieder geändert, dann bleibt die Stellgröße $u(t)$ auf dem Wert

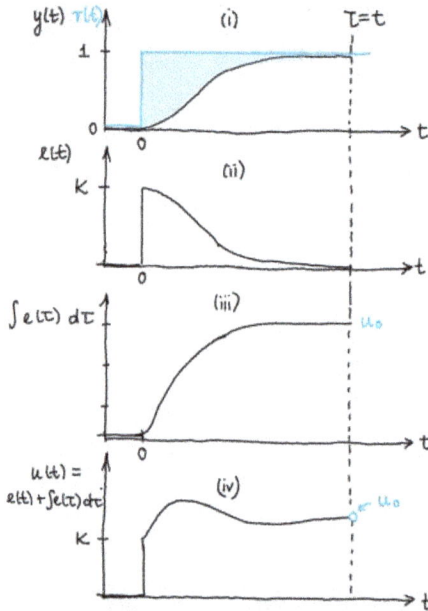

Abb. 7.4: Zeitverläufe in einem geschlossenen Regelkreis einer PT_2-Strecke, die mit einem PI-Regler geregelt wird ($K = K_I = 1$). (i) Sollwert $r(t)$, Istwert $y(t)$, (ii) P-Anteil und damit Reglerabweichung $e(t) = r(t) - y(t)$, (iii) I-Anteil und damit Integral der Reglerabweichung, (iv) Stellgröße $u(t)$ als Summe des P- und I-Anteils.

u_0. Wird der Sollwert geändert, dann stellt wird $u(t)$ angepasst, bis die Regelabweichung $e(t)$ wieder zu null wird.

Abbildung (iv) in Abbildung 7.4 zeigt die Summe von P- und I-Anteil und damit die Stellgröße $u(t)$ für einen PI-Regler. Hierbei wurde der Einfachheit halber angenommen, dass $K = K_I = 1$ ist. Der Endwert u_0 wird ausschließlich vom I-Anteil bestritten, da der P-Anteil bei einer gewünschten Regelabweichung von $e(t) = 0$ automatisch auch gleich 0 sein muss.

Der konstante Faktor K_i in Gleichung (7.4) ist ein Einstellparameter, der genau wie K, angepasst werden muss (mehr dazu in Abschnitt 7.2). Sie wird als *Integrationsverstärkung* bezeichnet. Meist wird die Konstante K_i als Faktor der Reglerverstärkung K ausgedrückt, d. h.

$$u(t) = K\left(e(t) + \frac{1}{T_i} \int_0^t e(\tau)d\tau \right) \tag{7.5}$$

und es gilt

$$K_i = \frac{K}{T_i}$$

T_i ist eine Zeitkonstante und wird als *Nachstellzeit* bezeichnet, im Englischen als *reset time*. Während der P-Anteil immer sofort reagiert wird der I-Anteil erst nach einer Weile bemerkbar. Er wird deshalb auch der *langsame Anteil* (slow mode) genannt. Man sagt auch, dass der P-Anteil die Gegenwart betrachtet und der I-Anteil die Vergangenheit.

Betrachtung im Frequenzbereich. Die Laplace-Transformierte der Gleichung (7.5) lautet wie folgt:

$$U(s) = K\left(E(s) + \frac{1}{T_i}\frac{1}{s}E(s)\right)$$

Dabei haben wir den Zusammenhang $\mathcal{L}\{\int_0^\infty f(\tau)d\tau\} = \frac{1}{s}F(s)$ aus Tabelle 4.1, Gleichung 16, benutzt. Aus dieser Gleichung können wir die Übertragungsfunktion des PI-Reglers bestimmen:

$$C_{\text{PI}}(s) = \frac{U(s)}{E(s)} = K\left(1 + \frac{1}{T_i s}\right) = K\frac{T_i s + 1}{T_i s} \tag{7.6}$$

Wir können zeigen, dass die Übertragungsfunktion des geschlossenen Regelkreises

$$G_R(s) = \frac{C_{\text{PI}}(s)G(s)}{1 + C_{\text{PI}}G(s)}$$

$$= \frac{K\frac{T_i s+1}{T_i s}G(s)}{1 + K\frac{T_i s+1}{T_i s}G(s)}$$

$$= \frac{K(T_i s + 1)G(s)}{T_i s + K(T_i s + 1)G(s)}$$

Ob der geschlossene Regelkreis einen Offset hat, lässt sich über den Endwertsatz erkennen, d. h. den Wert von $G_R(s)$ wenn $s \to 0$.

$$\lim_{s\to 0} G_R(s) = \frac{KG(s)}{KG(s)} = 1$$

Damit sehen wir, dass der geschlossene Regelkreis für einen Sprung der Höhe 1 ($U(s) = 1/s$) auch einen Endwert 1 einnimmt. Der I-Anteil des PI-Reglers eliminiert die bleibende Regelabweichung bei einer Sollwertänderung und eines Prozesses mit Ausgleich.

Der PI-Regler hat keinen strukturellen Nachteil. Er überwindet das Problem der bleibenden Regelabweichung und ist der in der Verfahrenstechnik und Bioverfahrenstechnik am häufigsten verwendete Regler.

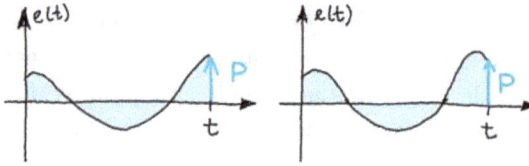

Abb. 7.5: Prinzipielle Wirkung des P-Anteils (Gegenwart) und des I-Anteils (Vergangenheit). Beide Abbildungen sehen auf den ersten Blick ähnlich aus, unterscheiden sich aber durch den Verlauf zum Zeitpunkt t. Während die Reglerabweichung links weiter anwächst, fällt die Reglerabweichung rechts bereits schon wieder ab.

7.1.3 D-Anteil

An sich hat der PI-Regler keine strukturellen Nachteile. Dennoch lässt sich zeigen, dass es Situationen gibt, in denen ein D-Anteil sinnvoll sein kann. Dazu kann man Abbildung 7.5 betrachten, die die Wirkung von P- und I-Anteil im Zeitbereich für zwei ähnliche Zeitsignale darstellt. In Schwarz ist ein Verlauf des Reglereingangs $e(t)$ aufgezeichnet. Zu einem Zeitpunkt t wird in beiden Abbildungen ein gleicher Proportional-Anteil gezeigt. Der Proportional-Anteil stellt auch die Gegenwart dar. Der Integral-Anteil ist in pink dargestellt und bildet damit die Vergangenheit von $e(t)$ ab. Auch diese Größe ist in beiden Abbildungen ungefähr gleich. Trotzdem sollte man in beiden Fällen unterschiedlich reagieren. Zum eingetragenen Zeitpunkt t steigt auf der linken Abbildung die Reglerabweichung weiter an. Auf der rechten Abbildung fällt sie aber schon wieder ab. Der Unterschied liegt also in der Steigung zum Zeitpunkt t. Die Steigung ist die Ableitung oder das Differential von $e(t)$.

$$u_D(t) = K_d \frac{\mathrm{d}e}{\mathrm{d}t} \tag{7.7}$$

Der Faktor K_d ist die Differentialverstärkung. Man sagt auch, dass der D-Anteil die Zukunft darstellt.

7.1.4 PID-Regler im Zeit- und Frequenzbereich

Die Definition des PID-Reglers beinhaltet daher auch einen Differential-Anteil:

$$u(t) = K\left(e(t) + \frac{1}{T_i} \int_0^t e(\tau)\mathrm{d}\tau + T_d \frac{\mathrm{d}e}{\mathrm{d}t} \right) \tag{7.8}$$

Der Parameter vor dem D-Anteil T_d wird mit Differential-Zeit oder auch Vorhaltezeit bezeichnet. Die Berechnung des PID-Reglers erfolgt additiv. Daher können wir den PID-Regler auch als Blockdiagramm darstellen, wie in Abbildung 7.6 gezeigt ist. Diese Form nennen wir auch die parallele oder ideale Form eines PID-Reglers.

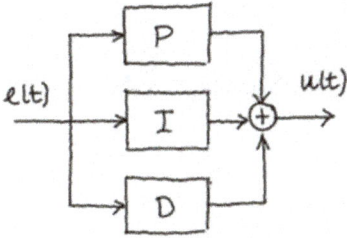

Abb. 7.6: Parallele oder ideale Form eines PID-Reglers. Die Reglerabweichung $e(t)$ wird parallel im P-, I- und D-Anteil verarbeitet, um die Stellgröße $u(t)$ zu berechnen.

Der PID-Regler reagiert auf die Gegenwart (P), Vergangenheit (I) und Zukunft (D) der Regeldifferenz $e(t)$.

Die Übertragungsfunktion des PID-Reglers kann man durch die Anwendung der Laplace-Transformation nach Tabelle 4.1 bestimmen:

$$C(s) = \frac{U(s)}{E(s)} = K\left(1 + \frac{1}{T_i s} + s T_d\right) \tag{7.9}$$

Wir können diese Gleichung als Bruch bestehend aus Nenner und Zähler umschreiben.

$$C(s) = K\frac{T_i T_d s^2 + T_i s + 1}{T_i s}$$

Dies bedeutet, dass der PID-Regler zwei Nullstellen und einen Pol bei $s = 0$ hat. Die Lage der Null- und Polstellen kann jedoch auch dazu führen, dass der geschlossene Regelkreis anfängt zu schwingen, auch wenn der offene Regelkreis selbst keinen Überschwinger aufweist.

Die Nullstellen des PID-Reglers liegen bei

$$s_{1/2} = -\frac{1}{2T_d} \pm \sqrt{\frac{1}{4T_d^2} - \frac{1}{T_i T_d}}$$

Um Oszillationen zu unterdrücken, möchten wir, dass die Nullstellen möglichst weit links liegen und keinen imaginären Anteil haben. Eine grundlegende Regel für das Verhältnis der Nachstellzeit T_i und der Vorhaltezeit T_d wird daher aus dem Ausdruck unter der Wurzel abgeleitet, der nicht komplex konjugiert sein sollte und gleichzeitig so klein wie möglich, damit der Pol, der am weitesten links liegt, so groß wie möglich ist. Es gilt damit:

$$\frac{1}{4T_d^2} - \frac{1}{T_i T_d} = 0$$

Oder

$$T_i = 4T_d \qquad\qquad (7.10)$$

Dies hier ist eine Regel für die Wahl von T_i und T_d. Im folgenden Abschnitt werden die verschiedenen Arten einen PID-Regler einzustellen diskutiert.

7.2 Einstellregeln des PID-Reglers

Die Aufgabe an den Regelungstechniker ist nun, gute Einstellung für die Regelparameter K, T_i und T_d zu finden. Zunächst erscheint dies keine besonders schwierige Aufgabe: Wir müssen nur drei Parameter wählen. Das Einstellen erweist sich aber schwieriger als gedacht. Besonders deshalb, da falsche Werte sehr schnell zu überraschenden Ergebnissen führen können. Oft wird ein PI-Regler und kein PID-Regler verwendet, weil dort nur zwei Parameter eingestellt werden müssen.

Die Wahl der Parameter hängt zunächst einmal von zwei Aspekten ab:

1. Vom *dynamischen Verhalten* des zu regelnden Prozesses, d. h. von der Regelstrecke $G(s)$.
2. Von der gewünschten *Regelgüte*, wie wir sie in Abschnitt 6.4 kennengelernt hatten: Wie schnell soll der geschlossene Regelkreis sich verhalten und wie groß soll der Überschwinger sein? Oft will man auch das Stellglied, d. h. das Ventil vor zu großen, plötzlichen Bewegungen bewahren und es damit schonen. Auch dies muss beim Einstellen berücksichtigt werden – nicht immer ist die schnellste Dynamik auch die beste.

Beim Einstellen können wir auf verschiedene Weisen vorgehen. Der Regler kann manuell, d. h. durch Ausprobieren, eingestellt werden. Dies ist eine Handwerkskunst und wenn jemand viel Erfahrung damit hat, ist dies auch die beste Art, Regler einzustellen.

> Manuelles Einstellen von PID-Reglern ist eine Handwerkskunst, die durch viel Erfahrung gelernt werden kann. Eine erfahrene Person achtet darauf, welche Prozessgröße eingestellt wird, wie groß Behälter und Volumenströme sind. Wenn diese Erfahrung vorhanden ist, kann man die beste Regelgüte erreichen.

Falls eine solche Person aber nicht zur Verfügung steht, lohnt es sich, Sprungantwortexperimente zur Reglereinstellung durchzuführen. Dabei unterscheidet man zwischen Prozessen mit und ohne Ausgleich. Die Vorgehensweisen werden in diesem Abschnitt erklärt, nachdem die Wahl der Reglerstruktur erläutert wird.

7.2.1 Wahl der Reglerstruktur

Verschiedene Reglerstrukturen ergeben sich, da nicht alle Anteile – P, I und D – verwendet werden müssen. Im Folgenden wird beschrieben, wann welche Struktur verwendet werden kann.

P-Regler. Integrierende Prozesse bringen ihren eigenen I-Anteil mit. Hier kann ein P-Regler verwendet werden. Ein weiterer Fall ist der innere Regelkreis einer Kaskadenregelung. Kaskadenregelungen sind in Abschnitt 8.2 beschrieben.

PI-Regler. Der PI-Regler hat den Vorteil, dass er einfacher einzustellen ist als der PID-Regler, da wir nur zwei Parameter (K und T_i) wählen müssen. Da er keinen strukturellen Nachteil hat, wird er am häufigsten verwendet, besonders, wenn es keine strengen Anforderungen an die Regelgüte gibt. PI-Regler sollten auch verwendet werden, wenn ein Prozess lange Totzeiten hat (vergleiche Abschnitt 5.5). Wir sollten den D-Anteil ebenfalls nicht verwenden, wenn Messrauschen im Sensor auftritt. Messrauschen bedeutet, dass der Sensor nicht immer genau misst und die aufeinander folgenden Messwerte aufgrund von Messfehlern stark abweichen können.

PD-Regler. Der PD-Regler wird seltener verwendet und oft, wenn der Prozess ein integrierendes Verhalten hat. Zudem muss der Prozess frei von Messrauschen sein, da sonst besser ein P-Regler verwendet werden sollte. Am häufigsten werden PD-Regler zur Temperaturregelung von gut isolierten Behältern verwendet. Gut isolierte Behälter haben ein annähernd integrierendes Verhalten, da die Energie sich akkumuliert. Gleichzeitig sind Temperaturmessungen oft frei von Messrauschen.

PID-Regler. Der PID-Regler gibt in den meisten Fällen die beste Dynamik des geschlossenen Regelkreises und sollte gewählt werden, wenn es wichtig ist, eine gute Regelgüte zu erreichen.

7.2.2 Manuelles Einstellen

Wir können die Parameter des PID-Reglers durch manuelles Ausprobieren wählen. Dazu stellen wir den Regler immer in der Reihenfolge P-I-D ein, d. h. zuerst den P-Anteil, dann den I-Anteil und dann den D-Anteil. Nach jedem Einstellschritt muss der Sollwert geändert werden, um herauszufinden, ob die Regelgüte durch die Veränderung verbessert oder verschlechtert wurde. Dabei erfolgt die Bewertung zum Beispiel nach den Kriterien aus Abschnitt 6.4, immer jedoch nach Aspekten des zeitlichen Verlaufs und des Amplitudenverlaufs.

Als Grundlage des manuellen Einstellens kann das Einstellschema in Abbildung 7.7 herangezogen werden. Hier wird für einen PI-Regler und eine Störgrößenkompensation gezeigt, welche Auswirkungen eine Änderung der Reglerverstärkung K und der Nachstellzeit T_i auf die Regelgüte hat. Betrachtet man zunächst den Graphen unten links (kleine Reglerverstärkung $K = 0{,}5$, wenig I-Anteil, daher ein großer Wert für $T_i = 4{,}4$), so sieht man, dass es lange dauert, bis der Istwert wieder auf den Sollwert zurückgekehrt ist, und dass die Amplitude des Istwertes sehr stark vom Sollwert abweicht.

Beim manuellen Einstellen wird man zunächst den P-Anteil erhöhen, das heißt den Graphen darüber (Mitte links, $K = 0{,}5$; $T_i = 4{,}4$) erreichen. Hier ist die Schleppe des

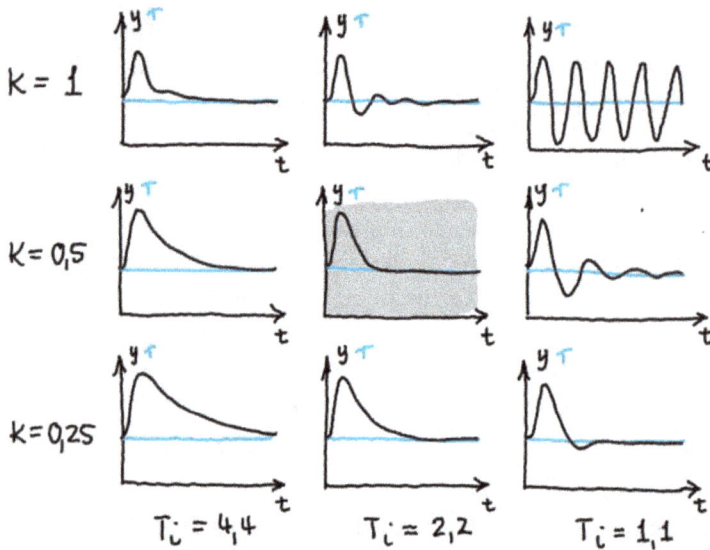

Abb. 7.7: Einstellschema für einen PI-Regler und einen PT_n-Prozess nach Hägglund [12]. In jeder Abbildung ist der Sollwert (blaue, gerade Linie) und der Istwert (schwarze Linie) dargestellt, wenn zum Zeitpunkt links eine Störgröße auf den Prozess wirkt. In den Überschriften der Abbildung ist die Reglerverstärkung und die Nachstellzeit angegeben. Von links nach rechts der I-Anteil erhöht (die Nachstellzeit T_i wird kleiner) und von unten nach oben der P-Anteil (die Reglerverstärkung K wird größer). Ideal ist die mittlere Abbildung, bei der der Istwert deshalb auch in Blau dargestellt ist. Sie hat keinen Unterschwinger und der Istwert kehrt schnell wieder auf den Sollwert zurück.

Istwertes geringer, d. h. der Istwert kehrt schneller zum Sollwert zurück. Würde man den P-Anteil noch weiter erhöhen ($K = 1$; $T_i = 4{,}4$), so beginnt der Istwert zu oszillieren. Dies ist normalerweise nicht erwünscht. Man nennt dies *aggressives* Einstellen. Stattdessen sollte man bei $K = 0{,}5$ den I-Anteil erhöhen, d. h. T_i verkleinern auf den Wert $T_i = 2{,}2$. Dies sind die optimalen Einstellparameter. Würde man an diesem Punkt K größer machen oder mehr I-Anteil hinzufügen, zum Beispiel $T_i = 1{,}1$ setzen, dann würde der Istwert anfangen zu schwingen. Dies ist in den allermeisten Fällen unerwünscht, auch wenn der Prozess dadurch schneller wird. Oszillationen sollten in der Biotechnologie auf jeden Fall vermieden werden.

7.2.3 Einstellregeln für Prozesse mit Ausgleich

Manchmal haben wir entweder nicht die Erfahrung um manuell Einstellen zu können oder – bei langsamen Prozessen – nicht die Zeit dafür. Oft ist auch kein Modell vorhanden, dass aus physikalischen oder thermodynamischen Gleichungen hergeleitet wurde.

In diesen Fällen können wir ein Sprungantwortexperiment durchführen. Dies bedeutet, dass wir einen Sprung auf unseren Aktor geben und sehen, wie sich der Zeitverlauf der Regelgröße verhält. Bei der Sprungantwort unterscheiden wir zwischen Prozessen *mit Ausgleich* und Prozessen *ohne Ausgleich*. Prozesse mit Ausgleich stellen sich auf einen neuen Wert ein. Prozesse ohne Ausgleich wachsen endlos bis ins unendliche an an.

> In der Praxis wissen wir im Vorhinein, ob ein Prozess mit oder ohne Ausgleich sein wird. Prozesse ohne Ausgleich sind meist Füllstände oder Temperaturen in gut isolierten Behältern. Prozesse mit Ausgleich sind die meisten Temperaturen, Volumenströme und Drücke.

Wenn wir nicht wüssten, ob es sich um einen Prozess mit oder ohne Ausgleich handelt, müssten wir bei dem Experiment sehr lange warten, bis wir einigermaßen sicher sein können, ob die Regelgröße sich auf einen neuen Wert einstellt oder nicht. In diesem Abschnitt betrachten wir Prozesse mit und ohne Ausgleich und beschreiben sie mit Modellen, die wir in Kapitel 5 kennengelernt haben.

Bei den meisten Prozessen stellt sich die Regelgröße auf einen neuen Wert ein, d. h. es handelt sich um Prozesse *mit Ausgleich*. Die Sprungantwort ist in Abbildung 7.8 exemplarisch dargestellt und erinnert uns an einen PT_2-Prozess aus Kapitel 5. Wir nennen diese Art von Prozessen auch PT_n-Prozesse. Graphisch können wir nicht zwischen einem PT_2- und einem PT_n-Prozess unterscheiden.

In der Praxis ist dies weder möglich noch notwendig, denn wir beschreiben diese Sprungantwort als Prozess 1. Ordnung (PT_1) mit Totzeit, wie in Abbildung 7.8 dargestellt. Dabei gehen wir wie folgt vor:

1. Wir legen eine Tangente an den steilsten Punkt der Kurve an. Wir nennen diese Tangente auch Wendetangente und das Verfahren zur Ermittlung der Modellparameter das Wendetangenten-Verfahren.

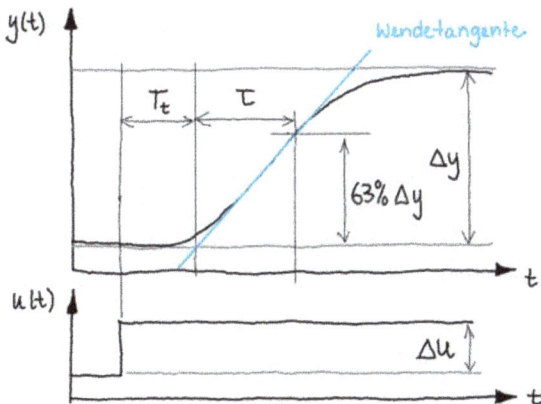

Abb. 7.8: Sprungantwortexperiment eines Prozesses mit Ausgleich. Die Prozessparameter sind Totzeit T_t, Zeitkonstante τ und Prozessverstärkung $K_p = \Delta y/\Delta u$, die aus der Sprunghöhe Δu und der resultierenden Prozesshöhe Δy berechnet wird.

2. Wir ziehen eine horizontale Linie vom Ausgangsniveau der Regelgröße vor dem Sprung und notieren den Schnittpunkt dieser horizontalen Linie und der Wendetangente.

3. Die Zeit zwischen Sprung und diesem Schnittpunkt nennen wir die Totzeit T_t.

4. Wir markieren den Punkt auf der Zeitachse, an dem die Regelgröße $y(t)$ 63 % des Endniveaus erreicht.

5. Die Zeit zwischen dem Schnittpunkt und der Zeit, zu der 63 % erreicht wurden, nennen wir die Zeitkonstante τ.

6. Wir notieren die Änderung der Stellgröße Δu, die wir vorgenommen haben, und die resultierende Änderung der Regelgröße Δy.

7. Wir berechnen die Prozessverstärkung K_p als die Änderung der Regelgröße $y(t)$ relativ zur Änderung der Stellgröße: $K_p = \frac{\Delta y}{\Delta u}$

Damit haben wir drei Modellparameter bestimmt: Prozessverstärkung K_p, Totzeit T_t und Zeitkonstante τ. Wir können die Übertragungsfunktion des Prozesses mit Ausgleich aus den Grundfunktionen aus Kapitel 5 ableiten:

$$G(s) = e^{sT_t} \frac{K_p}{\tau s + 1} \tag{7.11}$$

Manche Einstellregeln identifizieren andere Parameter, besonders bezüglich der Zeitkonstante τ. In Abbildung 7.9 ist eine Methode dargestellt, die auch oft, besonders im deutschen Sprachraum, verwendet wird. Man spricht von der *Verzugszeit* T_u, die gleich der Totzeit T_t ist sowie der *Ausgleichszeit* T_g. Die Ausgleichszeit ist generell immer größer als die Zeitkonstante τ.

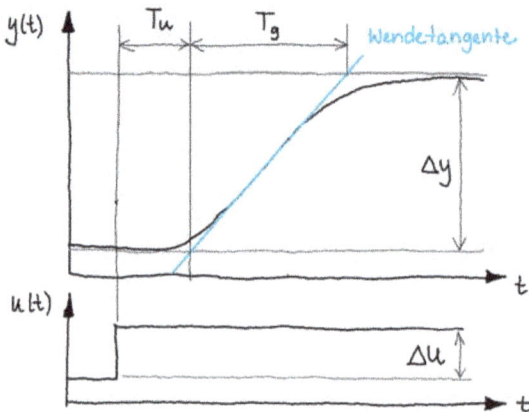

Abb. 7.9: Sprungantwortexperiment für Prozesse mit Ausgleich und Bestimmung der Verzugszeit T_u und der Ausgleichszeit T_g für die Einstellmethode nach Ziegler und Nichols [18].

Tab. 7.1: PI- und PID-Einstellregeln für Ziegler-Nichols- und AMIGO-Methoden. Beachte, dass die Zeitkonstante τ in beiden Fällen anders definiert ist ($T_t = T_u$ und $\tau = T_g$).

Regler		Ziegler-Nichols	AMIGO
PI	K	$\frac{0{,}9\tau}{K_p T_t}$	$\frac{0{,}9}{K_p}\left(0{,}15 + 0{,}35\frac{\tau}{T_t} - \frac{\tau^2}{(T_t+\tau)^2}\right)$
	T_i	$3T_t$	$0{,}35T_t + \frac{13 T_t \tau^2}{\tau^2 + 12\tau T_t + 7T_t^2}$
PID	K	$\frac{1{,}2\tau}{K_p T_t}$	$\frac{1}{K_p}\left(0{,}2 + 0{,}45\frac{\tau}{T_t}\right)$
	T_i	$2T_t$	$\frac{0{,}4T_t + 0{,}8\tau}{T_t + 0{,}1\tau}T_t$
	T_d	$0{,}5T_t$	$\frac{0{,}5T_t\tau}{0{,}3T_t + \tau}$

Für Prozesse mit Ausgleich ist die Zeitkonstante τ bei 63 % des Endwertes ist eine bessere Abschätzung des Prozessmodells nach Gleichung (7.11). Die Prozessparameter τ und T_t sollten nach Abbildung 7.8 bestimmt werden.

Es gibt nun Hunderte von Einstellregeln für PID-Regler. Wer einen Überblick über die Vielzahl von Einstellregeln bekommen möchte, sollte das Buch von O'Dwyer [2] konsultieren. Hier betrachten wir zwei dieser Regeln: Ziegler-Nichols [18] und AMIGO [8]. Ziegler-Nichols ist die bekannteste Methode, da sie 1942 bereits entwickelt wurde und in vielen Lernbüchern verwendet wird. Sie ist aber nicht für biotechnologische Prozesse geeignet, da die Regelgüte einen Überschwinger zulässt. Stattdessen sollten wir die AMIGO-Methode verwenden, die 2006 veröffentlicht wurde und für 136 häufig auftretende Prozessmodelle optimiert wurde. Tabelle 7.1 gibt die Regeln für beide Verfahren an.

Wenn wir die Tabelle betrachten, fallen uns einige Zusammenhänge auf. Zunächst sehen wir, dass die Reglerverstärkung K immer umgekehrt proportional zur Prozessverstärkung K_p ist. Das macht Sinn, denn wenn wir eine große Auswirkung auf die Regelgröße mit kleiner Bewegung der Stellgröße haben, dann müssen wir vorsichtig regeln.

Weiterhin können wir beobachten, dass wir weniger I-Anteil benötigen, wenn wir von einem PI- zu einem PID-Regler wechseln. Die Reglerverstärkung K wird etwas größer (von 0,9 auf 1,2 bei Ziegler-Nichols und von 0,9 auf 1 bei AMIGO) während die Nachstellzeit T_i etwas kleiner wird (von $3T_t$ auf $2T_t$ bei Ziegler-Nichols). Die Vorhaltezeit T_d wird immer um Größenordnungen kleiner gewählt als die Nachstellzeit T_i. Generell gilt, dass Reglereinstellzeiten T_i und T_d immer in der gleichen Größenordnung wie die Prozesszeiten T_t und τ sind.

Übung. Bei einem Prozess wurde die in Abbildung 7.10 dargestellte Sprungantwort aufgenommen. Ein Ventil wurde dabei von 10 % auf 20 % geöffnet. Die Regelgröße steigt infolge von 30 % auf 40 % an. Identifiziere die Modellparameter und berechne die Einstellparameter für einen PID-Regler nach der AMIGO und der Ziegler-Nichols-Methode.

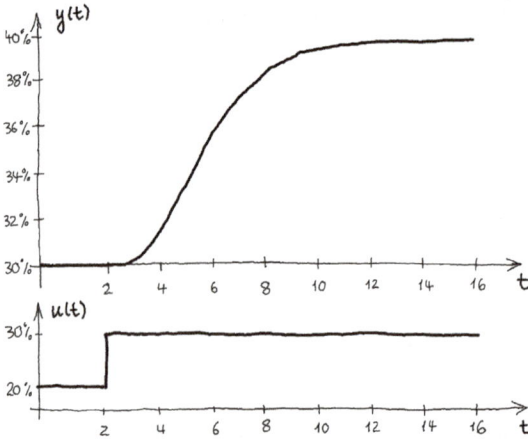

Abb. 7.10: Sprungantwort eines Prozesses mit Ausgleich (PT$_n$-Prozess). Die Zeit ist in Sekunden angegeben.

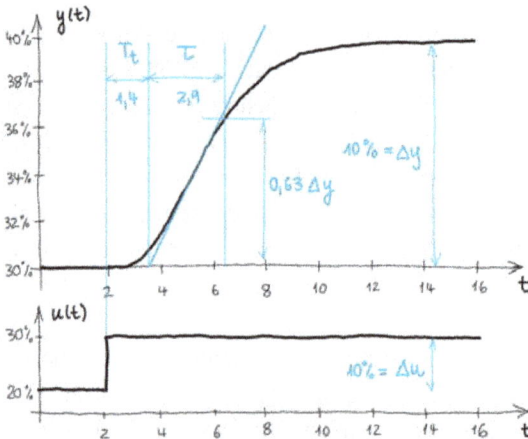

Abb. 7.11: Identifizierung der Modellparameter des Prozesses mit Ausgleich (PT$_n$-Prozess) aus Abbildung 7.10.

Lösung. Die Methode des Wendetangenten-Verfahrens gibt die folgenden Parameter, wie in Abbildung 7.11 gezeigt. Der Sprung hat eine Höhe von $\Delta u = 20\,\% - 10\,\% = 10\,\%$. Dies führt zu einer Änderung in der Regelgröße von $\Delta y = 40\,\% - 30\,\% = 10\,\%$. Damit kann die Prozessverstärkung zu $K_p = \Delta y / \Delta u = \frac{10\,\%}{10\,\%} = 1$ berechnet werden. Legt man die Wendetangente an, so stellt man einen Schnittpunkt mit dem Ausgangsniveau der Regelgröße bei $t = 3.4\,\mathrm{s}$ fest. Da der Sprung zum Zeitpunkt $t = 2\,\mathrm{s}$ stattfindet berechnet sich die Totzeit zu $T_t = 2.4 - 2 = 1.4\,\mathrm{s}$. Die Zeitkonstante wird über die 63 %-Regel berechnet: 63 % des Endwertes sind erreicht, wenn $y = 30\,\% + 0.63\Delta y = 36.3\,\%$. Dies ist ungefähr zum Zeitpunkt $t = 6.3\,\mathrm{s}$. Da die Totzeit zum Zeitpunkt $t = 3.4\,\mathrm{s}$ zu Ende geht, ist die Ausgleichszeit nach AMIGO $\tau = 6.3\,\mathrm{s} - 3.4\,\mathrm{s} = 2.9\,\mathrm{s}$.

Tab. 7.2: Ergebnisse der PID-Reglerparameter, die für den in Abbildung 7.10 dargestellten Prozess mit den Einstellregeln von Ziegler-Nichols sowie mit Parametern, die auf manuelle Weise durch sukzessives Ausprobieren bestimmt wurden.

Ziegler-Nichols	$K = 2{,}49$	$T_i = 2{,}8\,\text{s}$	$T_d = 0{,}7\,\text{s}$
AMIGO	$K = 1{,}13$	$T_i = 2{,}39\,\text{s}$	$T_d = 0{,}61\,\text{s}$
Manuell	$K = 1$	$T_i = 3$	$T_d = 0{,}75$

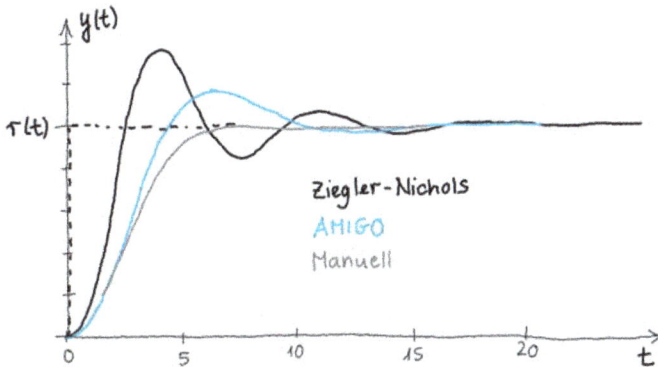

Abb. 7.12: Verhalten des geschlossenen Regelkreises eines PT_4-Prozesses mit einem PID-Regler bei Sollwertänderung $r(t)$ mit verschiedenen Reglereinstellungen (Ziegler-Nichols, AMIGO und manuell).

Diese Parameter können wir nun in Tabelle 7.1 einsetzen und erhalten die in Tabelle 7.2 aufgelisteten Einstellparameter für einen PID-Regler nach AMIGO und Ziegler-Nichols. Zudem sind Einstellparameter angegeben, die auf manuelle Art bestimmt wurden.

Die in Tabelle 7.2 festgehaltenen Werte können nun zur Regelung auf den Prozess angewandt werden. Hierzu betrachten wir eine Sollwertänderung, d. h. der Sollwert wird zum Zeitpunkt $t = 0$ sprungartig erhöht. Die Ergebnisse sind in Abbildung 7.12 abgebildet. Hierbei können wir beobachten, dass die Ziegler-Nichols-Einstellregel zu einem Überschwinger von >25 % führen. Dies ist zu erwarten, aber für biotechnologische Prozesse ungeeignet. Die AMIGO-Einstellregel führt ebenfalls zu einem Überschwinger, der jedoch etwas weniger ausgeprägt ist. Am besten sind die manuell bestimmten Werte, die keinen Überschwinger zur Folge haben. Diese Ergebnisse decken sich mit unserer Erwartung. Wenn wir keine Zeit haben, den Prozess per Hand einzustellen, sollten wir die AMIGO-Regel verwenden.

7.2.4 Einstellregeln für Prozesse ohne Ausgleich

Einige Prozesse, so wie der Füllstand in einem Behälter, stellen sich nicht auf einen neuen Wert ein, sondern steigen immer weiter an. Hier können wir nicht warten bis wir

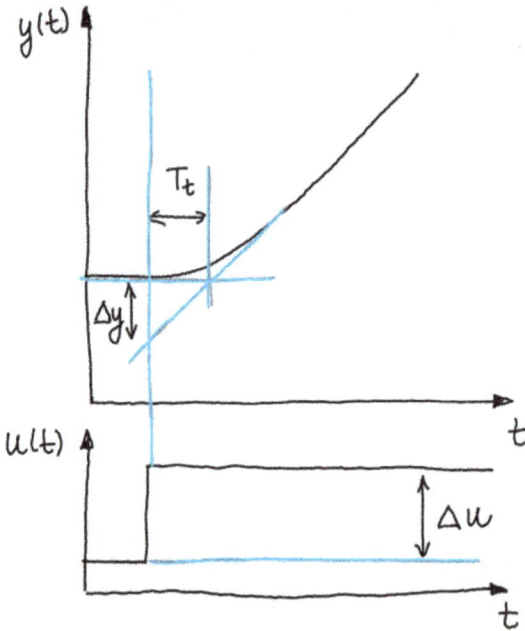

Abb. 7.13: Sprungantwortexperiment eines Prozesses ohne Ausgleich (integrierender Prozess). Parameter sind die Totzeit T_t und die Geschwindigkeitsverstärkung K_v, die aus Δy, Δu und T_t berechnet wird.

einen neuen Endwert haben und daraus Zeitkonstanten oder Verstärkung berechnen. Stattdessen starten wir den Sprung und warten, bis wir die Steigung bestimmen können, mit der der Istwert ansteigt.

In den meisten Fällen liegt kein reiner I-Prozess vor, sondern ein I-Prozess in Kombination mit einem PT_n-Prozess. Das PT_n-Verhalten wird oft von Sensor oder Aktor beigesteuert, nicht vom Prozess. Die Sprungantwort des Experimentes sieht dann ungefähr so aus, wie in Abbildung 7.13 dargestellt ist. Der Istwert reagiert zunächst nur langsam, bevor er linear ansteigt. Diesen Zeitverlauf kennen wir auch aus Aufgabe 5.8.

Wir modellieren dieses Verhalten annäherungsweise. Dazu nehmen wir einen integrierenden Prozess mit Geschwindigkeitsverstärkung (Steigung) K_v plus Totzeit T_t an. Die Übertragungsfunktion eines solchen Prozesses lautet:

$$G(s) = e^{-sT_t} \frac{K_v}{s} \tag{7.12}$$

Die Prozessparameter Geschwindigkeitsverstärkung K_v und Totzeit T_t bestimmen wir in den folgenden Schritten aus Abbildung 7.13.

1. Wir zeichnen eine vertikale Linie von Beginn des Sprunges in der Regelgröße $y(t)$ ein, sowie eine Linie entlang der Steigung der Regelgröße. Eine dritte Hilfslinie ist die horizontale Linie gezogen von Ausgangsniveau von $y(t)$.

Tab. 7.3: Einstellregeln für Prozesse ohne Ausgleich (integrierende Prozess).

Regler		Ziegler-Nichols	AMIGO
PI	K	$\frac{0,9}{K_v T_t}$	$\frac{0,35}{K_v T_t}$
	T_i	$3T_t$	$13,4T_t$
PID	K	$\frac{1,2}{K_v T_t}$	$\frac{0,45}{K_v T_t}$
	T_i	$2T_t$	$8T_t$
	T_d	$0,5T_t$	$0,5T_t$

2. Die Totzeit T_t ist die Zeit von Beginn des Sprunges bis zum Schnittpunkt von Ausgangsniveau und Steigungslinie.

3. Die Geschwindigkeitsverstärkung ist die Steigung der Linie. Diese können wir über das Steigungsdreieck zum Zeitpunkt T_t bestimmen. Dazu lesen wir den Istwert Δy ab, der sich aus dem Schnittpunkt von Zeitpunkt 0 und der Steigungslinie ergibt. Die Geschwindigkeit v ist die Steigung und kann berechnet werden als $v = \frac{\Delta y}{T_t}$. Um die Geschwindigkeitsverstärkung K_v zu berechnen, müssen wir die Geschwindigkeit *relativ* zur Sprunghöhe berechnen: $K_v = \frac{v}{\Delta u} = \frac{\Delta y}{T_t \Delta u}$.

Die beiden Prozessparameter K_v und T_t werden benutzt, um Einstellregeln zu bestimmen. Die Einstellregeln für Prozesse ohne Ausgleich für Ziegler-Nichols und AMIGO sind in Tabelle 7.3 zusammengefasst.

Übung. Für einen integrierenden Prozess (Prozess ohne Ausgleich) wurde das in Abbildung 7.14 dargestellte Sprungexperiment durchgeführt. Bestimme die Prozessparameter und daraus die Einstellungen eines PID-Reglers nach Ziegler-Nichols und mit der AMIGO-Methode.

Lösung. In Abbildung 7.15 können wir die Totzeit ablesen: $T_t = 0{,}64$ s. Die Änderung des Istwertes ist $\Delta y = 5{,}5\,\%$ und die Änderung der Stellgröße $\Delta u = 8{,}5\,\%$. Daraus ergibt sich die Geschwindigkeitsverstärkung zu

$$K_v = \frac{1}{T_t}\frac{\Delta y}{\Delta u} = \frac{1}{0{,}64\,\text{s}}\frac{5{,}5\,\%}{8{,}5\,\%} = 1{,}01\frac{1}{\text{s}} \tag{7.13}$$

Setzen wir dies in die Einstellregeln ein, so erhalten wir:

AMIGO-PID	$K = 0{,}7$	$T_i = 5{,}12$ s	$T_d = 0{,}32$ s
Z-N-PID	$K = 1{,}88$	$T_i = 1.28$ s	$T_d = 0{,}32$ s
Manuell	$K = 0{,}5$	$T_i = 8$	$T_d = 0.5$

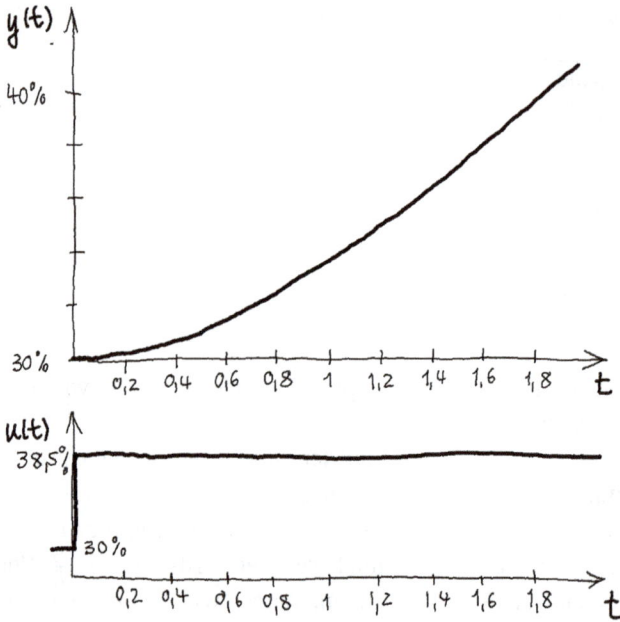

Abb. 7.14: Sprungantwort eines Prozesses ohne Ausgleich (integrierender Prozess). Die Zeit ist in Sekunden angegeben.

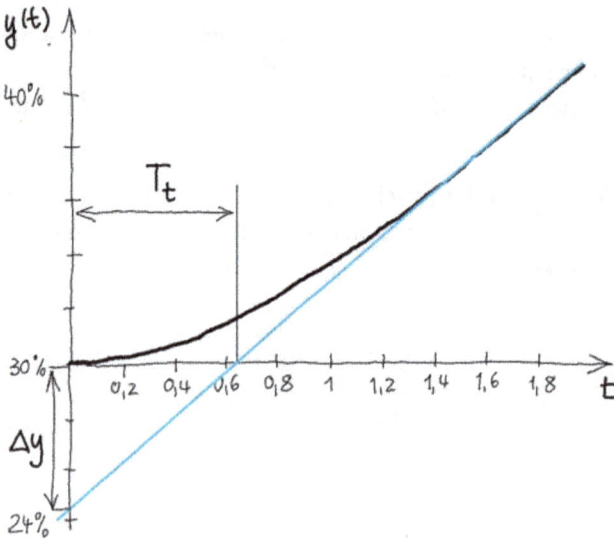

Abb. 7.15: Identifizierung der Modellparameter des Prozesses ohne Ausgleich (integrierender Prozess) aus Abbildung 7.14.

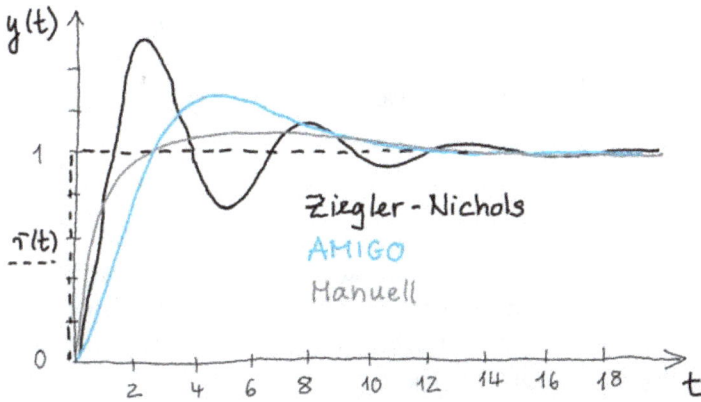

Abb. 7.16: Verhalten des geschlossenen Regelkreises eines integrierenden Prozesses und PID-Reglers bei Sollwertänderung $r(t)$ mit verschiedenen Reglereinstellungen (Ziegler-Nichols, AMIGO und manuell). Die Strecke ist ein Prozess ohne Ausgleich.

Die Einstellmethoden nach Ziegler-Nichols sind aggressiver als die von AMIGO und werden voraussichtlich zu Überschwingern führen. Dies erkennt man am höheren Wert für die Reglerverstärkung K. Der geschlossene Regelkreis mit den unterschiedlichen Einstellungen ist in Abbildung 7.16 gezeigt. Die Vermutungen werden dort bestätigt: Ziegler-Nichols ist aggressiver und mit einem größeren Überschwinger als AMIGO. Manuelles Einstellen resultiert immer in der besten Antwort, ist jedoch zeitaufwendig.

7.3 Anpassung des idealen PID-Reglers

Viele Lernbücher geben die Definition des PID-Reglers aus Gleichung (7.8) an und wenden sich dann anderen Reglern zu. Dabei ist der PID-Regler in der realen Form nicht umsetzbar. Warum das so ist und wie er angepasst werden muss wird in diesem Abschnitt erläutert. Dabei müssen zunächst alle Teile (P-, D- und I-Anteil) modifiziert werden.

In den meisten Anwendungen in der Biotechnologie gibt es eine Person, die die Anlage betreibt und in den Prozess eingreifen kann. Es gibt daher die Möglichkeit den PID-Regler abzustellen und das Ventil per Hand einzustellen. Der Übergang von Automatik auf Handbetrieb muss vorsichtig erfolgen. Auch das wird in diesem Kapitel erläutert.

Der Regler wird heutzutage in einem Softwareprogramm umgesetzt, zum Beispiel in einer Speicherprogrammierbaren Steuerung (SPS), wie in Abbildung 1.4 in Kapitel 1. Die SPS benötigt diskrete Abtast- und Zeitwerte. Die Gleichungen, die wir bisher betrachtet haben, sind aber im kontinuierlichen Zeit- und Amplitudenbereich. Zur Implementierung müssen wir daher den PID-Regler in einem diskreten Zeitraster betrachten. Dies ist glücklicherweise einfach und am Ende dieses Abschnittes erläutert.

7.3.1 Modifizierung des P- und D-Anteils

Die ideale oder parallele Form des PID-Reglers war in Gleichung (7.8) gegeben:

$$u(t) = K\left(e(t) + \frac{1}{T_i} \int_0^t e(\tau)\mathrm{d}\tau + T_d \frac{\mathrm{d}e}{\mathrm{d}t} \right) \qquad (7.14)$$

Diese Gleichung kann man nicht so umsetzen. Um dies zu verstehen betrachten wir zunächst die Stellgröße bei Sollwertänderungen. Der Sollwert $r(t)$ wird zwar nicht oft, aber trotzdem manchmal geändert. Dies geschieht sprungartig und führt zu einer plötzlichen Änderung der Regelabweichung $e(t)$, die als $e(t) = r(t) - y(t)$ definiert war (Sollwert minus Istwert). Dies ist in Abbildung 7.17 dargestellt. Die Änderung von $e(t)$ führt zu einer abrupten Änderung der Stellgröße $u(t)$, da der Proportional-Anteil $u(t) = Ke(t)$ auch abrupt ansteigt. Die Stellgröße ist das Eingangssignal des Aktors. Ein sprungartiger Anstieg ist nicht gewünscht, da hiermit der Aktor (z. B. das Ventil) beschädigt werden kann.

Aus diesem Grund wird bei einigen PID-Reglern eine Sollwertgewichtung eingeführt. Für den P-Anteil wird nicht $e(t)$ verwendet, sondern ein gewichteter Sollwert $br(t) - y(t)$. Der Sollwertgewichtungsfaktor b ist dabei ein Reglerparameter, der zwischen 0 und 1 gewählt werden muss. Ist $b = 1$, so wird der Sollwert nicht gewichtet, der Sollwertsprung wird auf den Aktor übertragen. Ist $b = 0$, so wird nicht die Regelabwei-

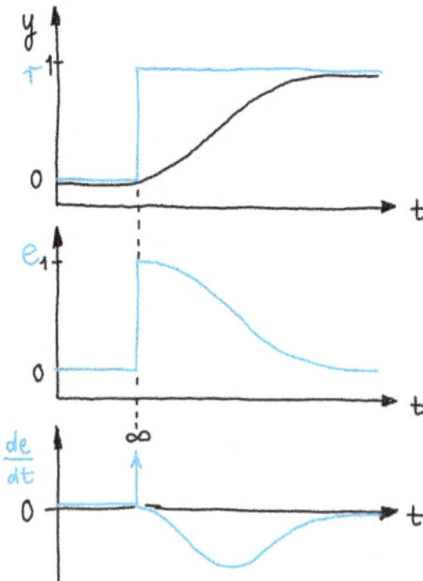

Abb. 7.17: Regelabweichung $e(t)$ sowie die Ableitung (Differential) der Regelabweichung $\frac{\mathrm{d}e}{\mathrm{d}t}$ bei einer Änderung des Sollwertes $r(t)$ und einem PT$_n$-Prozess.

chung im P-Anteil berücksichtigt, sondern nur die Regelgröße $y(t)$. Das ist nur möglich, wenn auch der I-Anteil verwendet wird. Eine Gewichtung des Sollwertes ist bei einem P-Regler nicht sinnvoll.

Das Problem des plötzlichen Sprunges ist noch prägnanter für den D-Anteil $\frac{de}{dt}$. Der unterste Graph in Abbildung 7.17 zeigt die Regelabweichung $e(t)$ bei einer Sollwertänderung. Bildet man das Differential davon, dann muss man zum Zeitpunkt der Sollwertänderung das Differential eines Sprunges bilden. Die Steigung zum Zeitpunkt des Sprunges ist unendlich, d. h. der D-Anteil ist zu diesem Zeitpunkt unendlich. Würde man ein solch berechnetes Signal auf den Aktor geben, so würde dieser beschädigt werden. Da der Sollwert in der Biotechnologie größtenteils konstant ist – mit Ausnahme der Sollwertänderung – implementiert man daher nicht das Differential der Regelabweichung, sondern das Differential der Regelgröße.

$$\frac{de}{dt} = \frac{dr}{dt} - \frac{dy}{dt} = -\frac{dy}{dt} \tag{7.15}$$

Die modifizierte Form des PID-Reglers, die implementiert werden kann, ohne den Aktor zu beschädigen, lautet daher:

$$u(t) = K\left(br(t) - y(t) + \frac{1}{T_i} \int_0^t e(\tau)d\tau - T_d \frac{dy}{dt} \right) \tag{7.16}$$

7.3.2 Integral-Windup

Auch der I-Anteil muss durch die Begrenzung des Aktors verändert werden. Das Problem heißt Integral-Windup und die Auswirkung von Integral-Windup sind in Abbildung 7.18 dargestellt. Zum Zeitpunkt (1) findet eine Sollwertänderung statt. Um den neuen Sollwert erreichen zu können, muss die Stellgröße größer werden. Ist die Stellgröße jedoch schon in der Nähe ihrer Begrenzung, dann wird zum Zeitpunkt (2) dieser Grenzwert von z. B. 100 % erreicht. 100 % bedeutet fast immer, dass ein Ventil vollständig geöffnet ist.

Der Aktor kann den geforderten Sollwert nicht erreichen, also bleibt der Istwert ab (2) oder kurz danach unter dem Sollwert. Dies ist unvermeidbar und kein Problem, das durch eine bessere Regelung behoben werden kann. Was danach passiert, ist jedoch problematisch. Der I-Anteil des Reglers lässt die Stellgröße linear ansteigen. Dies passiert ab dem Zeitpunkt (2). Diesen linearen Anstieg nennt man Integral-Windup.

Die tatsächliche Stellgröße liegt in diesem Zeitraum jedoch bei 100 % und ist in Abbildung 7.18 in farbig eingezeichnet. Der PID-Regler, bzw. der I-Anteil des PID-Reglers, wird zum Problem, wenn der Sollwert wieder gesenkt wird, zum Zeitpunkt (3). Sobald der Sollwert $r(t)$ gesenkt wird, sollte die Stellgröße $u(t)$ reagieren, sodass der Istwert $y(t)$ angepasst wird. Dies passiert durch den sehr hohen Wert der ausgerechneten Stell-

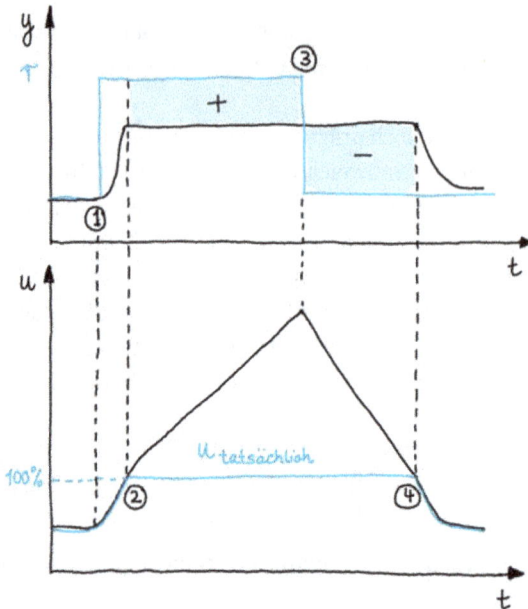

Abb. 7.18: Auswirkung von Integral-Windup durch eine bleibende Regelabweichung. Der Istwert kann den Sollwert nicht erreichen, da der Aktor beschränkt ist. Die berechnete Stellgröße $u(t)$ kann nicht umgesetzt werden. Der I-Anteil rechnet jedoch weiter. Wenn der Sollwert wieder nach unten geht, reagiert der Aktor nicht, da die berechnete Stellgröße erst wieder aus dem Windup zurückkommen muss.

größe $u(t)$ zum Zeitpunkt (3) nicht. Der I-Anteil muss zunächst den aufgebauten I-Anteil erst wieder abbauen. Dies passiert ab dem Zeitpunkt (3) und der Istwert ist weiterhin auf einem zu hohen Niveau. Erst wenn die maximal zulässige Stellgröße erreicht ist, zum Zeitpunkt (4), wird der Aktor tatsächlich bedient. Danach sinkt die Istgröße endlich wieder auf den Sollwert.

Integral-Windup lässt sich durch eine einfache Modifizierung des Regelalgorithmus beheben. Dabei darf kein Wert ausgegeben werden, der außerhalb des möglichen Stellbereichs liegt, also größer als 100 % oder kleiner als 0 % ist. Wird solch ein Wert ausgerechnet, so muss stattdessen der Maximal- oder Minimalwert angenommen werden. Dies ist in der folgenden Gleichung implementiert.

$$u_{\text{calc}} = K\left(br(t) - y(t) + \frac{1}{T_i} \int_0^t e(\tau)d\tau - T_d \frac{dy}{dt} \right) \tag{7.17}$$

mit

$$u = \begin{cases} 0\,\%, & \text{wenn } u_{\text{calc}} < 0\,\% \\ 100\,\%, & \text{wenn } u_{\text{calc}} > 100\,\% \\ u_{\text{calc}}, & \text{sonst} \end{cases} \tag{7.18}$$

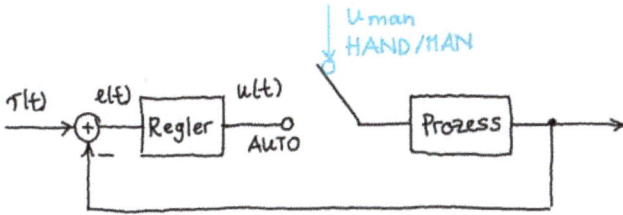

Abb. 7.19: Die Stellung des Reglers auf Handbetrieb entspricht dem Öffnen des Regelkreises.

7.3.3 Regler im Handbetrieb (Manual Mode)

Es sollte immer möglich sein, ein Ventil oder anderen Aktor manuell einstellen zu können. Zum Beispiel sollte ein Betreiber einer Versuchsanlage in der Lage sein, ein Ventil auf z. B. 50 % zu öffnen. Dies nennt man Betrieb *auf Hand* oder im Englischen *manual mode*. Es bedeutet, dass der Regelkreis geöffnet wird und das Stellsignal $u(t)$ von Hand eingestellt wird, wie in Abbildung 7.19 gezeigt.

Es gibt verschiedene Gründe, warum man einen Regler auf Hand setzen sollte. Besonders oft kommt dies beim An- und Abfahren eines Prozesses vor, d. h. wenn Volumenströme, Temperaturen und Füllstände weit von ihrem Arbeitspunkt entfernt sind. Ein anderer Grund ist, dass der Aktor nicht so funktioniert wie erwartet. Aktoren, besonders Ventile, können verschleißen und es kann zu Ventilhaftreibung kommen. In diesen Fällen möchte man manchmal das Ventil fest einstellen.

Beim Umstellen von Handbetrieb auf den automatischen Betrieb ergibt sich die Problematik, die in Abbildung 7.20 dargestellt ist. Der Regler ist zunächst im automatischen Betrieb (AUTO), d. h. der Regelkreis ist geschlossen. Zum Zeitpunkt t_1 wird der Regler vom Anlagenbetreiber auf Handbetrieb (HAND) umgestellt. Ab diesem Zeitpunkt ist die Stellgröße u unabhängig vom errechneten Reglerausgang $u_{\text{berechnet}}$, da die Verbindung unterbrochen ist.

Die Regelgröße y sinkt ab, da u auf ein neues Niveau eingestellt wurde. Es handelt sich um einen Prozess mit Ausgleich. Da der Sollwert r nicht eingehalten werden kann, ergibt sich ab hier jedoch eine konstante Reglerabweichung $e = r - y$. Der I-Anteil des berechneten Reglerausgangs $u_{\text{berechnet}}$ integriert über die Reglerabweichung e und ergibt damit eine Rampenfunktion, wie in Abbildung 7.20 eingetragen.

Die Problematik ergibt sich, wenn der Regler wieder zurück auf AUTO geschaltet wird. An dieser Stelle wird der Wert $u_{\text{berechnet}}(t_2)$ übernommen, der sich durch den I-Anteil oft auf 100 % erhöht hat. Dieses Verhalten nennt man im Englischen *bump*, das man als stoßartige Erhöhung bezeichnen kann. Die Regelgröße y folgt dann dieser plötzlichen Erhöhung von u und zeigt ebenfalls einen plötzlichen, starken Anstieg.

Dieses Verhalten ist in den meisten Fällen nicht akzeptabel. Es gibt auch keinen zu rechtfertigenden Grund dafür. Deshalb ist es notwendig, eine Lösung zu implementieren, die man *bumpless transfer* nennt – stoßfreies Umschalten. Hierzu gibt es mehrere Ansätze.

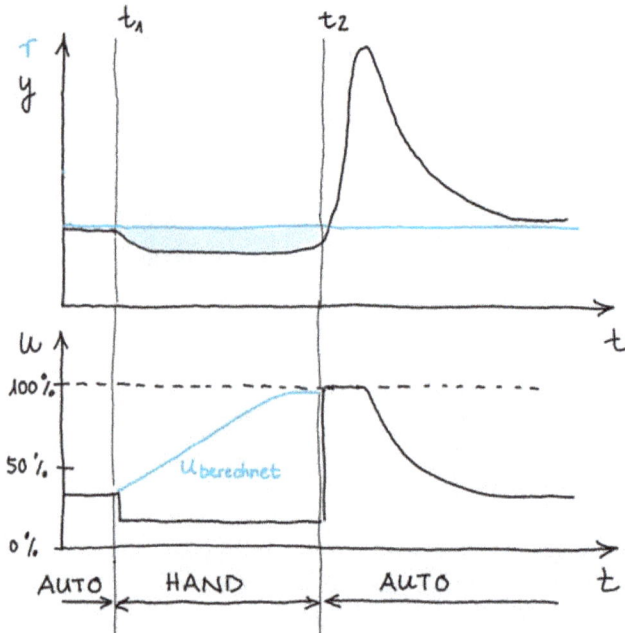

Abb. 7.20: Problematik des Stoßes (Bump) beim Umstellen von HAND Betrieb auf AUTO für einen Regler mit I-Anteil. Die Regelgröße y weicht während des Handbetriebs vom Sollwert r ab. Der I-Anteil des PID-Reglers integriert die Regelabweichung über den pink markierten Bereich auf. Beim Zurückstellen auf AUTO ist die Stellgröße bei einem sehr großen Wert angekommen und der Aktor geht meist auf 100 %. Dies macht sich anschließend auch in der Regelgröße y bemerkbar.

Eine Möglichkeit ist es, *Tracking* einzuführen. Beim Tracking wird der Sollwert r der Regelgröße y gleichgesetzt, d. h. $r(t) = y(t)$. Damit ist die Regelabweichung $e(t)$ automatisch gleich null. Beim Umschalten von HAND auf AUTO ist der I-Anteil damit null. Allerdings kann ein Sprung oder Stoß durch den P-Anteil erfolgen. Aus diesem Grund kann man noch eine Rampenfunktion für den Sollwert einfügen. Der Sollwert r ändert sich dann nicht plötzlich von der Regelgröße auf den alten Sollwert. Tracking und Rampe sind in Abbildung 7.21 dargestellt.

7.3.4 Implementierung des PID-Reglers

Bisher haben wir den PID-Regler im kontinuierlichen Zeit- und Frequenzbereich betrachtet. Dies bedeutet, dass der Eingang $e(t)$ kontinuierlich ist und dass wir den Ausgang $u(t)$, d. h. das Signal an den Aktor, auch kontinuierlich berechnen. Genau dies wird mit elektronischen Schaltungen und pneumatischen Antrieben umgesetzt.

Heutzutage möchte man aber meistens die Stellgröße u mit einem Computer berechnen. Berechnungen im Computer finden jedoch immer zu abgetasteten Zeitpunkten

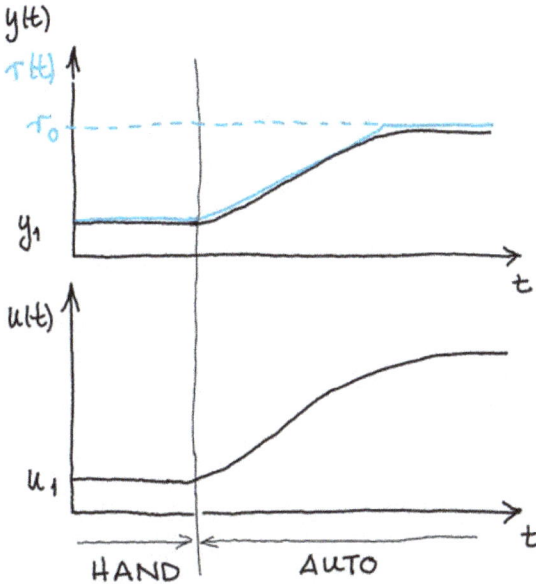

Abb. 7.21: Konzept des Bumpless Transfer. In der oberen Abbildung folgt der Sollwert r dem Istwert y, während der ursprüngliche Sollwert r_0 sich nur gemerkt werden muss. Nach dem Umschalten von HAND auf AUTO wird der Sollwert rampenartig auf den gewünschten Wert r_0 angepasst. In der unteren Abbildung ändert sich die Stellgröße $u(t)$ ohne Sprung oder Stoß dem neuen Wert.

statt. Auch die Eingangssignale werden in einem Analogue-Digital-Converter (ADC) umgewandelt. Dort werden die Messwerte $y(t)$, aus denen $e(t)$ berechnet wird, zu diskreten Zeitpunkten abgetastet und in einen binären Wert umgerechnet. Bis zum nächsten Abtastzeitpunkt wird dieser Wert beibehalten. Diskretes Abtasten ist in Abbildung 7.22 dargestellt. Die Zeit zwischen zwei Abtastpunkten wird mit ΔT bezeichnet. Der Kehrwert von ΔT wird als die Abtastrate bezeichnet.

Eine kontinuierliche Funktion $f(t)$ wird zu den diskreten Zeitpunkten $n\Delta T$ abgetastet. Dabei ist ΔT das Abtastintervall und $n = [0 \ldots N]$ ein Zähler, der von 0 bis n läuft. Oft wird auch k für den Zähler verwendet. Die diskrete Funktion wird danach mit $f[n]$ bezeichnet, wobei die eckigen Klammern bedeuten, dass es sich um eine diskrete Zeitkonstante n handelt. Wir können erkennen, dass je kleiner das Abtastintervall ΔT ist, desto besser ist die Annäherung der abgetasteten an die tatsächliche Funktion.

In der diskreten Welt müssen wir auch die kontinuierliche Gleichung (7.17) des PID-Reglers anders umsetzen. Dazu teilen wir die Gleichung in den P-, I- und D-Anteil auf.

$$u(t) = u_P(t) + u_I(t) + u_D(t) \tag{7.19}$$

wobei

$$u_P(t) = K\big(br(t) - y(t)\big) \tag{7.20}$$

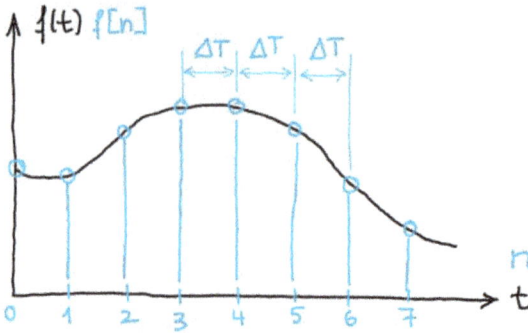

Abb. 7.22: Abtasten einer kontinuierlichen Funktion $f(t)$ in diskreten Abtastintervallen mit dem Index n zu einer diskreten Funktion $f[n]$. Die Abtastrate ist mit ΔT notiert.

$$u_I(t) = K\frac{1}{T_i}\int_0^t e(\tau)\mathrm{d}\tau \tag{7.21}$$

$$u_D(t) = -KT_d\frac{\mathrm{d}y}{\mathrm{d}t} \tag{7.22}$$

Im diskreten Zeitpunkt lautet nun die Gleichung für den PID-Regler

$$u[n] = u_P[n] + u_I[n] + u_D[n] \tag{7.23}$$

Der P-Anteil des PID-Reglers kann am einfachsten in die diskrete Form umgewandelt werden und wird zu

$$u_P[n] = K(br[n] + y[n]) \tag{7.24}$$

Das Integral des I-Anteils müssen wir annähern oder approximieren, da ein Integral nur im kontinuierlichen Zeitbereich definiert ist. Im diskreten Zeitbereich approximieren wir das Integral mit der Summe der Abtastwerte:

$$u_I[n] = \frac{K}{T_i}\Delta T \sum_{i=0}^{n} e[i] \tag{7.25}$$

Wir summieren also über eine Hilfsvariable i und multiplizieren mit dem Abtastintervall ΔT. Die Hilfsvariable i nimmt den Platz der Integrationsvariablen τ in Gleichung (7.17) ein. Die Annäherung des Integrals durch eine Summe ist in Abbildung 7.23 dargestellt. Je kleiner das Abtastintervall, desto besser ist die Annäherung der Summe an das Integral.

Die in Gleichung (7.25) gegebene Implementierung kann so umgesetzt werden, hat jedoch einen großen Nachteil. Wir müssen uns alle Werte von $e[i]$ merken, von 0 bis zum jetzigen Zeitpunkt n. Dies ist für den Betrieb nicht umsetzbar, da wir uns alle Werte

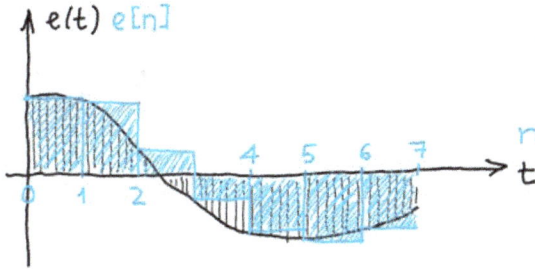

Abb. 7.23: Approximation eines des Integrals der Reglerabweichung $\int_0^t e(\tau)d\tau$ mit einer Summe der Rechtecke zu $\Delta T \sum_{i=0}^n e[i]$.

vom Einschalten des PID-Reglers bis jetzt merken müssen. Bei einer Abtastrate von 1 pro Sekunde und einer Laufzeit von 3 Tagen sind dies bereits $3 \cdot 24 \cdot 60 \cdot 60 = 259.200$ Werte.

Um keinen Speicherplatz zu verschwenden, kann man eine rekursive Form verwenden, in dem man das letzte berechnete Integral sich merkt und nur das letzte Rechteck hinzuaddiert:

$$u_I[n] = u_I[n-1] + \frac{K}{T_i}\Delta Te[n] \tag{7.26}$$

In dieser Form der Umsetzung muss nur der letzte Wert des I-Anteil des Stellsignals $u_I[n-1]$ gespeichert werden.

Der D-Anteil des kontinuierlichen Reglers muss ebenfalls an die diskrete Zeit angepasst werden. Dies tun wir, indem wir das Differential mit einer Differenz approximieren:

$$u_D[n] = -KT_d\frac{1}{\Delta T}(y[n] - y[n-1]) \tag{7.27}$$

Die Approximation des D-Anteils ist in Abbildung 7.24 dargestellt. Wir können erkennen, dass die Differenz sich dem Differential annähert, wenn das Abtastintervall ΔT klein ist.

Ein Grund, warum der PID-Regler so weit verbreitet ist, ist dass er sich mithilfe einiger wenigen, einfachen Gleichungen umsetzen lässt. Diese Gleichungen sind zudem verständlich und lassen sich leicht nachvollziehen. Der diskrete PID-Regler wirkt auch fast exakt wie der analoge PID-Regler, unter der Voraussetzung, dass die Abtastrate groß genug gewählt wird. Dies bedeutet, dass das Abtastintervall wesentlich kleiner sein muss als die dominante Zeitkonstante.

Bei der Implementierung für einen praktischen PID Regler reichen die vier Gleichungen (7.23), (7.24), (7.26) und (7.27) jedoch nicht aus. Sie müssen zum Beispiel noch die Anpassung für Anti-Windup berücksichtigen. Es gibt noch weitere Aspekte bei der Implementierung eines PID-Reglers im automatischen Betrieb. So muss dafür gesorgt werden, dass der Regler, wenn er angeschaltet wird, nicht zu einem plötzlichen Sprung

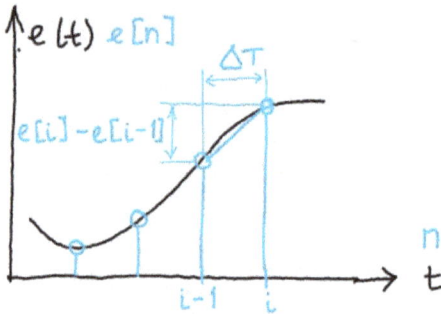

Abb. 7.24: Annäherung des Differentials $\frac{de}{dt}$ im Punkt $e[i]$ durch eine Differenz. ΔT ist das Abtastintervall.

in der Stellgröße führt und den Aktor beschädigt. Der Umgang damit heißt im Englischen *Bumpless Transfer*. Auch muss ein *Tracking* Signal mitgeführt werden, das über die tatsächliche Stellgröße informiert.

7.4 Aufgaben

Aufgabe 7.1. Ein PT$_1$-Prozess mit der Übertragungsfunktion $G(s) = \frac{K_p}{\tau s + 1}$ soll mit einem PD-Regler geregelt werden.
(a) Gib die Übertragungsfunktion des PD-Reglers mit Reglerparametern K und T_d sowie dessen Pole und Nullstellen an.
(b) Bestimme die Führungsübertragungsfunktion $G_{CL}^R(s)$ sowie die Pole und Nullstellen.
(c) Bestimme den Endwert der Regelgröße, wenn der Sollwert r als Einheitssprung angenommen wird.
(d) Die Prozessparameter des PT$_1$-Prozesses werden als $K_p = 2$ und $\tau = 5$ bestimmt. Wähle die Reglerverstärkung K so, dass die bleibende Regelabweichung unter 10 % bleibt.
(e) Die Reglerverstärkung wurde zu $K = 5$ gesetzt. Wähle T_d so, dass die Zeitkonstante des geschlossenen Regelkreises kleiner als 1 s ist.

Aufgabe 7.2. In einem Temperaturprozess wird die Heizzufuhr erhöht und wieder auf das ursprüngliche Niveau zurückgebracht. Der Zeitverlauf der Sprungantworten ist in Abbildung 7.25 dargestellt. Der Messbereich der Temperatur ist von 700 bis 800 Grad Celsius. Die Stellgröße ist in Prozent gegeben.
(a) Bestimme die Prozessparameter für beide Sprünge.
(b) Berechne die Reglerparameter für beide Fälle mittels der AMIGO-Methode.
(c) Diskutiere die Ergebnisse.

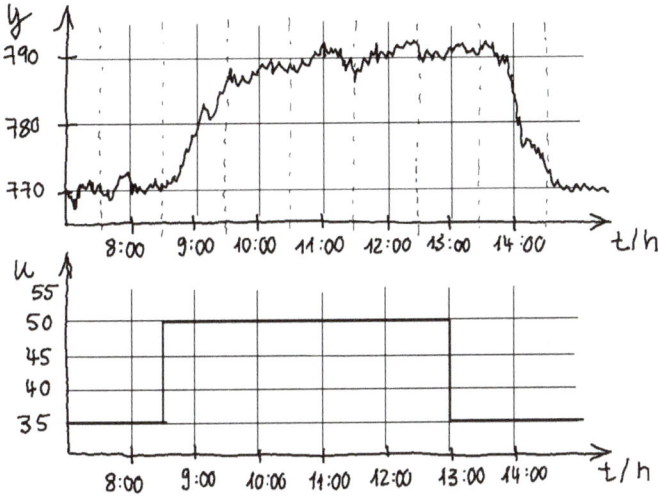

Abb. 7.25: Sprungantwort zu Aufgabe 7.2.

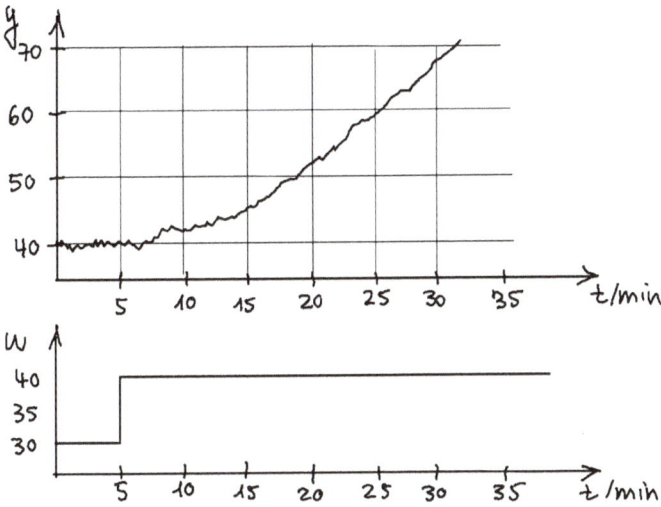

Abb. 7.26: Sprungantwort zu Aufgabe 7.3.

Aufgabe 7.3. Ein Füllstand soll geregelt werden und dazu die PID-Parameter bestimmt werden. Dazu wird eine Sprungantwort aufgenommen, siehe Abbildung 7.26. Bestimme die Reglerparameter mithilfe der AMIGO-Methode.

Aufgabe 7.4. Abbildung 7.27 zeigt zwei unterschiedliche Antworten (a) und (b) eines geregelten Prozesses auf Störgrößen, die zum Zeitpunkt $t = 0$ stattfinden. Es kommt ein PI-Regler zum Einsatz. Bei einer der Antworten wurde die Reglerverstärkung K falsch eingestellt, Fall (i), bei der anderen die Nachstellzeit T_i, Fall (ii). Finde heraus, welcher

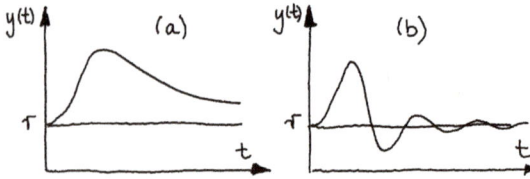

Abb. 7.27: Zwei Sprungantworten zu Aufgabe 7.4 für schlecht eingestellte PI-Regler.

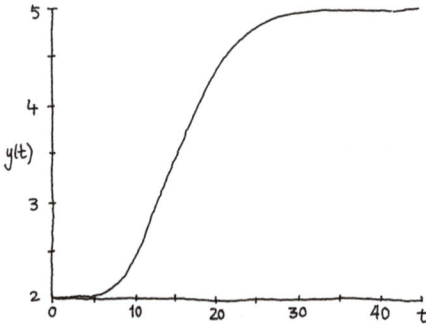

Abb. 7.28: Sprungantwort eines PT_n-Prozesses, für den ein PID-Regler ausgelegt werden soll für Aufgabe 7.6.

Fall zu welcher Sprungantwort passt und gebe an, wie der Regler besser eingestellt werden kann.

Aufgabe 7.5. Warum kommt in den meisten Fällen ein PI-Regler zur Regelung der Prozessgrößen zum Einsatz?

Aufgabe 7.6. Neben den Einstellverfahren nach Ziegler-Nichols und dem AMIGO-Verfahren gibt es noch Hunderte weitere Methoden. Eine davon ist die Lambda-Methode. Dieses Verfahren enthält einen Parameter λ, den man benutzen kann um die Regelgüte zu bestimmen. Es gilt für einen PID-Regler:

$$K = \frac{1}{K_p} \frac{0{,}5T_t + \tau}{0{,}5T_t + \lambda}$$

Für den Parameter λ kann man verschiedene Werte wählen: Für eine robuste Regelgüte wählt man $\lambda = 2\tau$ und für eine aggressive Regelgüte wählt man $\lambda = \tau$. Die Zeitkonstante τ wird mit der 63 %-Methode gewählt.

Die weiteren Regelparameter werden wie folgt gewählt:

$$T_i = \tau + \frac{T_t}{2}$$

$$T_d = \frac{\tau T_t}{T_t + 2\tau}$$

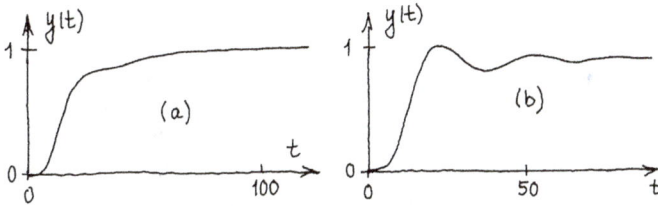

Abb. 7.29: Sollwertänderungen von 0 auf 1 für den in Abbildung 7.28 gezeigten Prozess aus Aufgabe 7.6 bei zwei verschiedenen Werten der Reglerparameter.

Abbildung 7.28 zeigt die Sprungantwort eines Prozesses, für den ein Regler entworfen werden soll.

(a) Bestimme die Prozessparameter K_p, τ und T_t aus der Sprungantwort in Abbildung 7.28.

(b) Berechne die PID-Parameter K, T_i und T_d nach der Lambda-Methode mit den Parameter $\lambda = \tau$ für aggressives Einstellen und $\lambda = 2\tau$ für robustes.

(c) Abbildung 7.29 zeigt die Sollwertänderung für beide Parametereinstellungen ($\lambda_1 = \tau$: aggressiv und $\lambda_2 = 2\tau$: robust). Gib an, welche Parameter zu welcher Abbildung gehören.

8 Zusätzliche Kompensation von Störgrößen

Störgrößen werden durch die Feedback-Regelung, wie wir sie bisher kennengelernt haben, kompensiert. Dies ist in vielen Fällen ausreichend. Sind wir an einer sehr guten Regelgüte interessiert, so kann diese durch erweiterte Strukturen verbessert werden, indem mögliche Störgrößen einbezogen werden. Wir erinnern uns zunächst, wie wir Störgrößen beschrieben hatten.

> *Störgrößen* sind externe Einflüsse auf die Regelgröße, die wir nicht ändern können. Das einfachste Beispiel einer Störgröße ist die Außentemperatur in einem geheizten Raum oder Behälter. Aber auch Regelgrößen, die in anderen Regelkreisen eingestellt werden können für unsere einschleifige Regelaufgabe zu Störgrößen werden.

Störgrößen sind einer der beiden Gründe, warum wir regeln müssen. Die Regelgröße weicht vom Sollwert ab, wenn Störgrößen auftreten. Es ist manchmal möglich, diese Störgrößen zu messen und in besonderen Fällen auch auf sie einzuwirken. In diesem Fall gibt es die Möglichkeit, komplexere Strukturen als den einfachen Feedback-Regelkreis aufzubauen.

Im Folgenden werden drei Möglichkeiten vorgestellt, den existierenden einfachen Regelkreis zu erweitern und damit Störgrößen zusätzlich zu kompensieren. Diese erweiterten Regelstrukturen sind Teil einer Gruppe von Lösungen, die mehrere Sensoren, Aktoren und Regler verbinden. Im Englischen wird dies manchmal mit *Advanced Process Control* (APC) bezeichnet.

Die drei Regelstrukturen, die im Folgenden beschrieben werden, sind:

- *Störgrößenaufschaltung*, auch *Feedforward* genannt. Die gemessene Störgröße wird kompensiert, bevor sie eine Auswirkung auf die Regelgröße hat. Voraussetzung für Feedforward ist, dass auf die Störgröße rechtzeitig reagiert werden kann.
- *Kaskadenschaltung*. Die Störgröße kann nicht nur gemessen werden, sondern es kann auch auf sie Einfluss genommen werden. Voraussetzung ist, dass die Störgröße durch eine weitere Messung schneller kompensiert werden kann als die Regelgröße.
- *Verstärkungsplanung*, auch *Gain Scheduling* genannt, kann eingesetzt werden, wenn die Störgröße die Prozessdynamik verändert. Dabei wird die Störgröße gemessen und die Regelparameter K, T_i und T_d auf diese Information hin angepasst.

Die Verwendung dieser Strukturen hängt unter anderem auch von Zeitkonstanten ab, die durch Erfahrungswerte oder durch Überlegungen bestimmt werden. Diese Zeitkonstanten sind:

- $T_{u \to y} = \tau + T_i$: Die Prozesszeitkonstante, wie wir sie aus den vorherigen Kapiteln kennen. Sie bestimmt, wie lange eine Änderung in der Stellgröße u braucht, um die Regelgröße y zu verändern (auf 63 % des Endniveaus). Wir können sie auch als Kompensationszeit der Regelgröße bezeichnen.

https://doi.org/10.1515/9783111573038-008

- $T_{d \to y}$: Die Störgrößenzeitkonstante. Sie bestimmt, wie lange eine sprungartige Störung braucht, um einen Einfluss auf die Regelgröße zu haben. Ein Beispiel hierfür ist, wie lange es dauert bis sich die Raumtemperatur auf einen neuen Wert einstellt, wenn ein Fenster zum Zeitpunkt $t = 0$ geöffnet wird.
- $T_{u \to d}$: Die Kompensationszeit der Störgröße. Sie bestimmt, wie lange es dauert, bis eine Änderung der Stellgröße u eine Auswirkung auf die Störgröße d hat. Dies setzt voraus, dass die Stellgröße auf die Störgröße einwirkt. Dies ist nicht immer der Fall.

Für Feedforward muss die Voraussetzung erfüllt sein, dass die Störgröße rechtzeitig erkannt wird, d. h. $T_{u \to y} \approx T_{d \to y}$. Wenn wir zum einen die Störgröße messen *und* auf sie einwirken können, und zum anderen die Kompensationszeit der Störgröße $T_{u \to d}$ wesentlich kleiner ist als die Kompensationszeit der Regelgröße $T_{u \to y}$, dann können wir eine Kaskadenregelung aufbauen. Die Verstärkungsplanung (Gain Scheduling) kann angewandt werden, wenn die Störgröße zu einer veränderten Prozessdynamik führt. In diesem Kapitel werden diese drei Regelstrukturen anhand von Beispielen erklärt.

8.1 Störgrößenaufschaltung (Feedforward)

Die Regelungstechnik, wie wir sie bisher kennengelernt haben, beruht auf dem Prinzip der Rückführung oder des Feedbacks. Dank des Prinzips Feedback können wir auf Sollwertänderungen sowie auf Störungen automatisch reagieren. Wir vergleichen den Istwert $y(t)$ mit dem Sollwert $r(t)$ und berechnen die Stellgröße basierend auf der entstandenen Regelabweichung $e(t)$.

Allerdings hat die Feedback-Regelung einen Nachteil: Wenn Störungen auftreten, muss die Regelgröße erst abweichen, bevor wir reagieren können. Wir müssen eine Regelabweichung $e(t)$ beobachten, die groß genug ist, damit die Stellgröße $u(t)$ entsprechend reagiert.

Nun gibt es einige Regelaufgaben, bei denen wir eine Störung erwarten können, *bevor* diese sich auf den Prozess und damit auf die Regelgröße auswirkt. Ein Beispiel für eine solche Regelaufgabe ist die Temperaturregelung in einem Gewächshaus, siehe Abbildung 8.1. Die Regelaufgabe ist, die Temperatur im Gewächshaus konstant zu halten. Dazu messen wir die Temperatur, d. h. die Regelgröße. Wenn es Abend wird, wissen wir, dass die Außentemperatur absinkt und damit auch die Innentemperatur im Gewächshaus absinken wird. Die Dachfenster sollten dann frühzeitig geschlossen werden. Auf diese Weise können wir verhindern, dass die Innentemperatur überhaupt absinkt, da wir auf die Änderung reagieren, *bevor* die Innentemperatur absinkt.

Die Voraussetzung für den Einsatz von Feedoward ist, dass wir die Störgröße – hier die Außentemperatur – messen können. Eine andere Voraussetzung ist, dass es eine Zeit dauert, bis die Störgröße sich auf die Prozessgröße auswirkt, damit wir rechtzeitig reagieren können. Die Wirksamkeit der Feedforward-Regelung hängt davon ab, wie viel früher wir die Störung messen können. Die Wirksamkeit abhängig von der Zeit

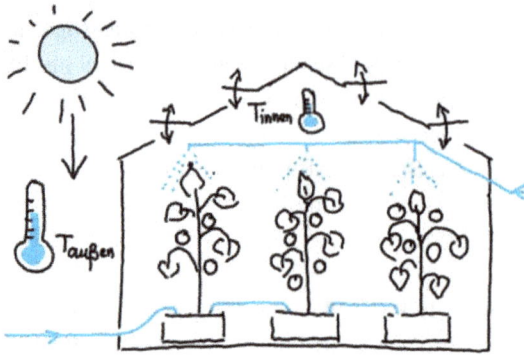

Abb. 8.1: Temperaturregelung in einem Gewächshaus mit Außen- sowie Innentemperaturmessung. Um auf die Temperatur einwirken zu können, öffnen und schließen wir die Fenster.

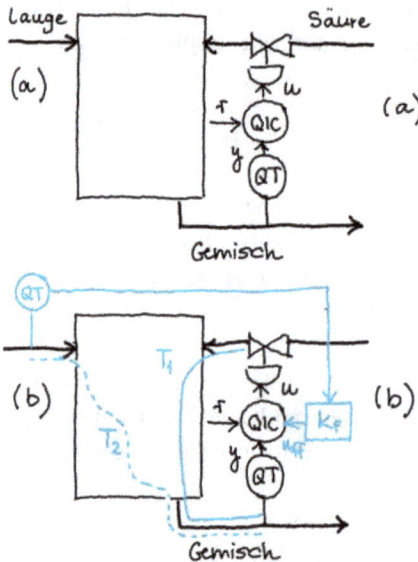

Abb. 8.2: pH-Regelung für einen Säure-Lauge-Mischprozess. (a) Einfache Feedback-Reglung und (b) Kombination aus Feedforward- und Feedback-Regelung ($T_1 = T_{u \to y}$ und $T_2 = T_{d \to y}$).

zwischen dem Messen der Störgröße und der Reaktion im Stellglied untersuchen wir genauer im folgenden Beispiel.

Abbildung 8.2 zeigt eine pH-Regelung, bei der eine Säure mit einer alkalischen Lauge gemischt werden, um einen konstanten pH-Wert zu erreichen. Die Säurezufuhr regelt den pH-Wert. Wenn mehr Säure zugegeben wird, steigt der pH-Wert. Die Regelaufgabe kann über eine Feedback-Regelung mit einem PID-Regler gelöst werden, siehe Abbildung 8.2 (a).

Es kann jedoch vorkommen, dass der Säuregehalt in der Laugenzufuhr ansteigt. Damit wird auch der gemischte Strom zu sauer. In diesem Fall gibt der Regler dann ein Signal an das Ventil, um die Säurezufuhr zu vermindern. Mit dieser Art der Feedback-Regelung kann erst reagiert werden, wenn gemischte Strom zu sauer war und damit temporär vom vorgegebenen pH-Wert abgewichen ist.

Eine Verbesserung der Regelgüte kann erzielt werden, indem eine Feedforward-Regelung zu der Feedback-Regelung hinzugeschaltet wird, siehe Abbildung 8.2 (b). Hier wird zusätzlich zur Regelgröße die Messgröße gemessen: der pH-Wert des Laugenzulaufes. Diese Information wird an den Regler über einen Umrechnungsfaktor K_f gegeben.

Damit die Feedforward-Regelung funktioniert muss sichergestellt werden, dass die Information über die Störung das Ventil rechtzeitig erreicht. Um zu bestimmen, was *rechtzeitig* bedeutet, berechnen wir zwei Zeiten. Die Zeit $T_{u \to y}$ ist die Reaktionszeit, die es dauert, bis eine Änderung im Stellglied die Regelgröße erreicht. Um diese Zeit zu bestimmen, öffnen wir das Ventil sprungartig und warten, bis 63 % des neuen Endwertes erreicht sind. Die Zeit $T_{u \to y}$ ist die Summe von Totzeit T_t und Zeitkonstante τ und ist in Abbildung 8.2 als gestrichelte Linie eingetragen.

Weiterhin müssen wir die Zeit $T_{d \to y}$ bestimmen, die es dauert, bis eine Änderung in der Störgröße eine Auswirkung auf die Regelgröße hat. $T_{d \to y}$ ist in Abbildung 8.2 als gestrichelte blaue Linie eingetragen. In unserem Beispiel müssen wir dazu den pH-Wert in der Lauge sprungartig erhöhen und warten, bis diese pH-Änderung den Sensor des Gemisches erreicht.

Die Störgröße können wir nicht immer sprungartig verändern, da wir meistens keine Möglichkeit haben, auf sie einzuwirken. In diesen Fällen müssen wir auf sprungartige Änderungen, die aus verschiedenen Gründen auftreten können, warten. Alternativ können wir die Zeitkonstante $T_{d \to y}$ mithilfe von physikalischen Überlegungen ableiten.

Die Wirksamkeit einer Feedforward-Regelung hängt von der Relation von $T_{u \to y}$ und $T_{d \to y}$ ab. Wir können dabei drei Fälle unterscheiden.
- $T_{u \to y} \approx T_{d \to y}$: Wenn die Reaktionszeit in der gleichen Größenordnung liegt wie die Störgrößenzeit $T_{d \to y}$, ist Feedforward wirksam. Die Feedforward-Regelung kann bewirken, dass der pH-Wert des Gemisches vom Sollwert abweicht, indem rechtzeitig auf die Änderung in der Störgröße reagiert wird. Die Stellgröße wird also angepasst, *bevor* die Regelgröße vom Sollwert abweicht.
- $T_{u \to y} \ll T_{d \to y}$: Die Reaktionszeit $T_{u \to y}$ ist sehr viel kleiner als die Störgrößenzeit $T_{d \to y}$. Dies bedeutet, dass wir schnell reagieren können. Wir dürfen dies aber nicht zu früh tun, da sonst die Stellgröße zu früh angepasst wird. Das Ergebnis wäre, dass bei einem Anstieg des pH-Wertes in der Laugenzufuhr die Säure zu früh zurückgenommen würde und damit das Gemisch einen zu niedrigen pH-Wert hätte. In diesem Fall können wir dennoch Feedforward anwenden, indem wir die Reaktion *verzögern*. Wir müssen das Feedforward-Signal u_f erst nach einer Zeitverzögerung um die Zeit $T_{d \to y} - T_{u \to y}$ anwenden.

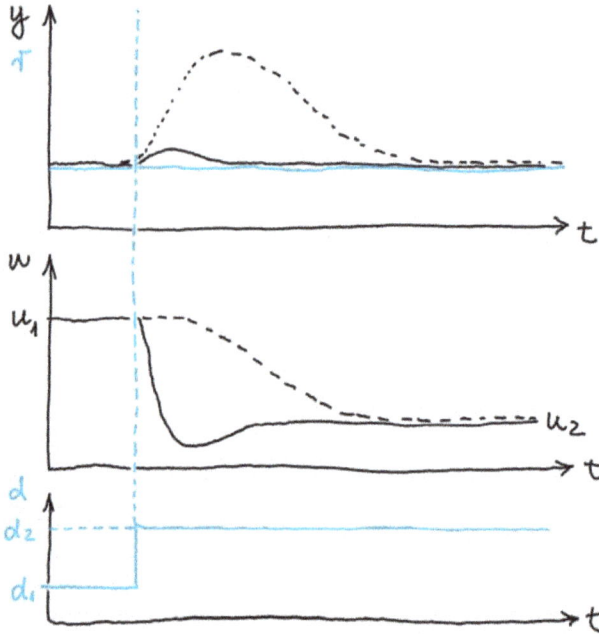

Abb. 8.3: Feedforward-Regelung für den Fall dass $T_{u \to y} \approx T_{d \to y}$. Die Abbildung zeigt die Feedback-Regelung der Regelgröße y (gestrichelt) und die Kombination von Feedforward- und Feedback-Regelung bei einer Laststörung (durchgezogen).

- $T_{u \to y} \gg T_{d \to y}$: Die Reaktionszeit $T_{u \to y}$ ist sehr viel größer als die Störgrößenzeit $T_{d \to y}$. In diesem Fall reagieren wir zu spät auf die Störung, bzw. es dauert zu lange, bis die Reaktion wirksam wird. In diesem Fall ist Feedforward wenig wirksam – Feedback ist eine gleich gute Lösung.

Die Wirksamkeit einer Feedforward-Regelung für den Fall, dass $T_{u \to y} \approx T_{d \to y}$ ist in Abbildung 8.3 dargestellt. Die gestrichelte Linie zeigt die Regelgröße $y(t)$ für einen PID-Regler an: $y(t)$ muss vom Sollwert $r(t)$ abweichen, damit die Stellgröße $u(t)$ sich anpassen kann. Die durchgezogenen Linie in Abbildung 8.3 gibt die Regelung mit einer Feedforward-Feedback-Regelung an. Hier weicht die Regelgröße nur kurzzeitig und geringfügiger vom Sollwert ab. Das Beispiel der pH-Regelung zeigt, dass eine Feedforward-Regelung – wenn richtig eingestellt – sehr effektiv sein kann.

Feedforward-Regelungen werden fast immer in Kombination mit Feedback-Regelungen eingesetzt, da im Normalfall mehr als eine Störgröße auf den Prozess wirkt. Zudem kann mit einer Feedforward-Regelung allein nicht auf Sollwertänderungen reagiert werden.

Möchten wir die Feedforward-Regelung im Frequenzbereich analysieren, so müssen wir das allgemeine Blockschaltbild betrachten. Abbildung 8.4 zeigt den Regelkreis, in dem eine Störung den Prozess beeinflusst. Ziel ist es, die Störung zu messen und mit

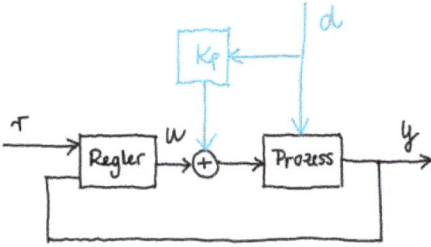

Abb. 8.4: Blockschaltbild einer Feedback-Feedforward-Reglerstruktur. K_f ist die Reglerverstärkung.

dieser Information die Regelung zu verbessern. Idealerweise soll die Stellgröße so reagieren, dass die Störgröße sich gar nicht auf den Prozess auswirkt. Die Umsetzung dieses idealen Ziels ist im Allgemeinfall nicht möglich, aber die in Abbildung 8.3 gezeigte Dynamik ist meistens zufriedenstellend.

Die gemessene Störung wird mit einer Reglerverstärkung K_f multipliziert und das resultierende Ausgangssignal zu

$$u_f(t) = K_f d(t) \tag{8.1}$$

berechnet. Die Störgröße $d(t)$ wird unter Umständen verzögert, damit die Information über die Störung nicht zu früh an den Prozess gegeben wird. Das Signal u_f wird dann zum Ausgangssignal $u(t)$ des Feedback-Reglers hinzuaddiert.

8.1.1 Bestimmung der Feedforward-Reglerverstärkung K_f

Die Feedforward-Reglerverstärkung K_f kann wie folgt bestimmt werden. Der Feedback-Regelkreis ist geschlossen. Es werden zwei Fälle beobachtet, in denen die Störgrößen konstant sind, d. h. Fälle in denen $d = d_1$ und $d = d_2$. In diesen Zeiträumen soll der Regler gut eingestellt sein, sodass $u = u_1$ und $u = u_2$ sodass die Regelgröße den Sollwert ungefähr erfüllt ($y(t) = r(t) =$ konstant).

Mit dieser Betrachtung bestimmen wir die Auswirkung der Störgröße auf die Stellgröße: Eine Änderung der Störgröße $\Delta d = d_1 - d_2$ führt zu einer Änderung in der Stellgröße um $\Delta u = u_1 - u_2$. Die Feedforward-Reglerverstärkung setzt diese Änderung um, indem wir sie zu

$$K_f = \frac{\Delta u}{\Delta d} = \frac{u_1 - u_2}{d_1 - d_2} \tag{8.2}$$

setzen. Diese Wahl bedeutet, dass wir die Stellgröße auf einen neuen Wert anpassen, wenn sich die Störgröße ändert. Es kann oft sinnvoll sein, K_f etwas kleiner zu wählen. Abhängig von der Wirkweise der Störgröße auf die Regelgröße kann K_f auch negativ sein.

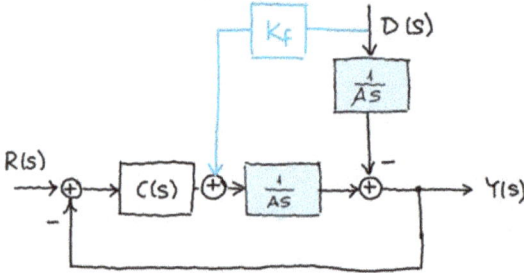

Abb. 8.5: Störgrößenaufschaltung (Feedforward) bei einer Füllstandsregelung. Die Regelgröße $Y(s)$ ist der Füllstand, die Stellgröße aus dem Regler ist der Durchfluss F_{ein} und die Störgröße $D(s)$ ist F_{aus}.

Die Feedforward-Reglerverstärkung wird hier proportional zur Störgröße gewählt und die Reglerverstärkung K_f wird basierend auf den Endwert-Zuständen gewählt. In den meisten Fällen ist dies ausreichend. Man kann jedoch K_f auch basierend auf den dynamischen Funktionen des Prozesses wählen. Hierzu gibt es Einstellregeln. Eine weitere mögliche Erweiterung ist die Verwendung einer dynamischen Reglerfunktion $C_f(s)$ anstelle des statischen Faktors K_f.

Beispiel. Im Beispiel der Füllstandsregelung konnten wir die Störübertragungsfunktion mit physikalisch abgeleiteten Differentialgleichungen beschreiben, siehe Gleichung (6.2) und Abbildung 6.5. In diesem Fall war die Regelgröße $Y(s)$ der Füllstand, die Stellgröße der Zulauf F_{ein} und die Störgröße $D(s)$ der Ablauf F_{aus}. Wenn wir die Störgröße F_{aus} messen können, dann können wir sie aufschalten, siehe Abbildung 8.5. Die Störübertragungsfunktion ergibt sich dann zu

$$G_D(s) = \frac{K_f - 1}{As + C(s)} \tag{8.3}$$

Wenn der Störaufschaltungsfaktor K_f gleich 1 gewählt wird, dann können wir die Störung vollständig kompensieren. Dies setzt voraus, dass sowohl der Sensor als auch der Aktor selbst keine wesentliche Dynamik haben, d. h. ihre Übertragungsfunktion ist gleich 1.

Im Beispiel der Füllstandsregelung ist die Störgrößenaufschaltung intuitiv nachvollziehbar: wenn wir den Füllstand konstant halten wollen, dann sollten wir den Zulauf immer dem Ablauf (= Störgröße) anpassen.

Man könnte argumentieren, dass man einfach das Zulaufventil dem Ablauf folgen lassen könnte. Dies bezeichnet man als *Vorsteuerung*, im englischen ebenfalls als Feedforward. Der Vorteil der Kombination von Feedforward und Feedback, wie in Abbildung 8.5 gegenüber einer einfachen Vorsteuerung ist jedoch, dass wir auf Sollwertänderungen reagieren können. Zudem entspricht der gemessene Durchfluss F_{aus} nie exakt dem tatsächlichen Durchfluss, da immer Messfehler auftreten. Diese Messfehler werden sich über eine lange Zeit akkumulieren und dafür sorgen, dass der Behälter leer sein oder überlaufen kann.

8.1.2 Implementierung des Feedforward-Reglers

Das Prinzip der Störgrößenaufschaltung (Feedforward) war im Blockschaltbild in Abbildung 8.4 dargestellt. Dies ist eine gute Darstellung, um das Prinzip zu erklären und den Feedforward-Regler im Frequenzbereich zu beschreiben. Allerdings muss der Feedforward-Regler zur praktischen Realisierung angepasst werden. Der Grund dafür wird im Folgenden erklärt.

Wir nehmen an, dass der Prozess mit einem Ventil geregelt wird, das vollständig geöffnet ist, wenn das Signal an das Ventil $u_{Ventil} = 100\,\%$ ist. Das Eingangssignal an das Ventil ist die Summe von Reglerausgang $u(t)$ und Feedforward-Signal $u_f(t)$:

$$u_{Aktor}(t) = u(t) + u_f(t) = u(t) + K_f d(t) \tag{8.4}$$

Der Reglerausgang $u(t)$ ist beschränkt, nicht wenn der Wert 100 % erreicht wird, sondern wenn $u_{Aktor}(t) = 100\,\%$ ist. Dies bedeutet, dass $u(t)$ stärker beschränkt ist:

$$u(t) = 100\,\% - K_f d(t) \tag{8.5}$$

Wir nehmen einfachheitshalber an, dass $K_f = 1$ ist. Wenn die Störgröße zu einem Zeitpunkt t_1 den Wert $d(t_1) = 70\,\%$ annimmt, dann ist das Ventil bereits vollständig geöffnet, wenn $u(t_1) = 30\,\%$. Wenn der Regler das nicht weiß, besteht die Gefahr des Integral-Windups.

Es gibt weitere Nachteile dieser Umsetzung, in der die Stellgröße $u(t)$ nicht den gleichen Wert hat, wie das Signal u_{Aktor}, das an den Aktor gegeben wird. Ist zum Beispiel der Regler auf Hand, dann soll die Stellgröße die Aktor- bzw. Ventilstellung vorgeben. Dies bei einer Struktur wie in Abbildung 8.4 gezeigt, nicht der Fall.

Ein Feedforward-Regler sollte deshalb über die inkrementelle Implementierung, wie in Abschnitt 7.3.4 beschrieben, umgesetzt werden. Anstelle einer Multiplikation der Störgröße mit der Verstärkung K_f und anschließender Addition zur Stellgröße $u(t)$ sollte die *Änderung* der Störgröße $d(t)$ mit K_f multipliziert und dann diese Änderung zur Änderung der Stellgröße addiert werden. Die Stellgröße kann über das Inkrement beschrieben werden:

$$u[n] = u[n-1] + \Delta u[n] \tag{8.6}$$

Dies bedeutet, dass die Stellgröße zum diskreten Zeitpunkt n gleich dem vorherigen Wert zum Zeitpunkt $n-1$ plus der Änderung $\Delta u[n]$ entspricht. Wenn wir Feedforward einführen, so ändert sich die Gleichung zu

$$u[n] = u[n-1] + \Delta u[n] + K_f \Delta v[n] \tag{8.7}$$

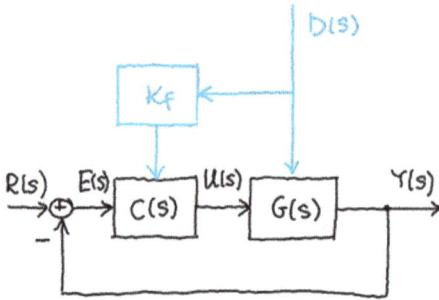

Abb. 8.6: Praktische Realisierung eines Feedforward-Reglers (Störgrößenaufschaltung) nach Gleichung (8.7).

Um dies zu realisieren, muss der Regler umgesetzt werden, wie es in Abbildung 8.6 dargestellt ist. Leider haben viele Anbieter von Regelsystemen stattdessen die Störgrößenaufschaltung nach Abbildung 8.4 umgesetzt. Um der Problematik entgegenzuwirken, haben manche Anbieter einen Hochpassfilter auf das Signal geschaltet. Dies verbessert die schlechte Implementierung aber nur zu einem kleinen Teil.

Störgrößenaufschaltung – oder Feedforward – ist eine sehr einfache Möglichkeit, die Regelgüte dramatisch zu verbessern. Da sie aber nicht oft richtig implementiert ist, kommt sie nicht so oft wie möglich zum Einsatz. Das Buch von Tore Hägglund und José Luis Guzmàn enthält viele weiterführende Erklärungen [1].

8.2 Kaskadenregelung

Die Kaskadenregelung lässt sich am besten an einem Beispiel motivieren. In Abbildung 8.7 ist ein Reaktor gezeigt, in dem eine exotherme Reaktion stattfindet. Um die Temperatur zu regeln, befindet sich um den Reaktor ein Kühlmantel, durch den Kühlwasser geschickt wird. Das Kühlwasser wird mithilfe einer Pumpe in einem Kreislauf gepumpt. Auf der linken Seite des Reaktors befindet sich ein Speichertank.

Eine Füllstandsregelung sorgt dafür, dass immer die richtige Menge Wasser im Kreislauf ist. Die Temperatur im Reaktor wird über die Zufuhr des Kühlwasserausgleichs geregelt. Steigt die Temperatur zu sehr an, so wird mehr Kühlwasser in den Mantel geführt. Diese Regelung funktioniert so. Sie ist aber sehr langsam, denn wir müssen warten, bis Störungen sich auf die Regelgröße ausgewirkt haben.

Eine Verbesserung der Regelgüte der Temperaturregelung kann man durch eine Kaskadenregelung, wie in Abbildung 8.8 gezeigt, erreichen. Der Regelstruktur liegt die Überlegung zugrunde, dass zunächst die Temperatur im Kühlmantel ansteigt. Sobald wir davon wissen, können wir bereits mehr Kühlwasser in den Kreislauf hinzufügen, indem wir das Ventil rechts öffnen. Wir müssen also nicht erst warten, bis die Temperatur im Reaktor angestiegen ist.

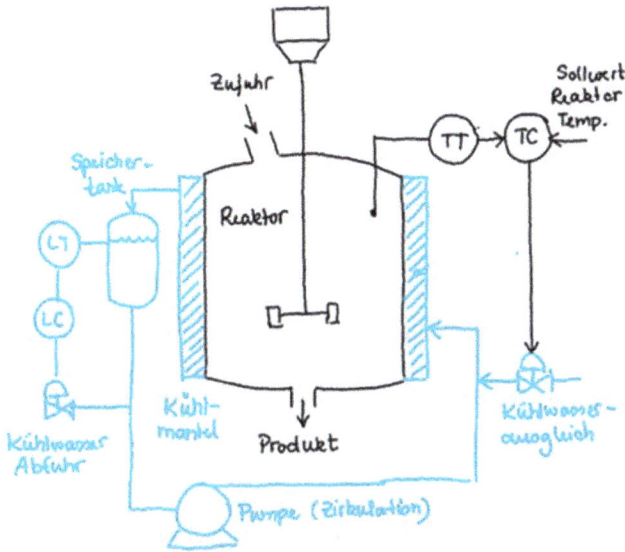

Abb. 8.7: Prozessschema eines Rührreaktors mit exothermer Reaktion und zugehörigem Kühlkreis. Die Füllstandsregelung links sorgt für die richtige Wassermenge im Kreislauf. Die Temperaturregelung rechts für die Temperatur im Reaktor.

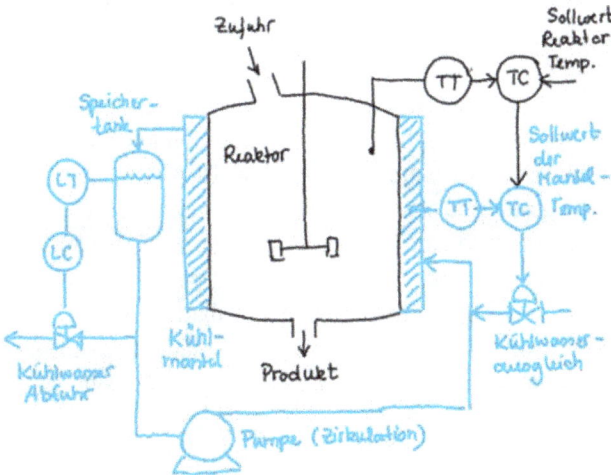

Abb. 8.8: Prozessschema eines Rührreaktors mit exothermer Reaktion und zugehörigem Kühlkreis. Die Füllstandsregelung links sorgt für die richtige Wassermenge im Kreislauf. Die Temperaturregelung rechts für die Temperatur im Reaktor. Es handelt sich hier um eine Kaskadenregelung.

Allerdings müssen wir hierfür die Temperatur im Kühlmantel kennen, also einen zweiten Sensor sowie einen zweiten Regler einbauen. Dieser Regelkreis (in Abbildung 8.8 in Blau eingezeichnet) kümmert sich darum, dass wir die Temperatur im

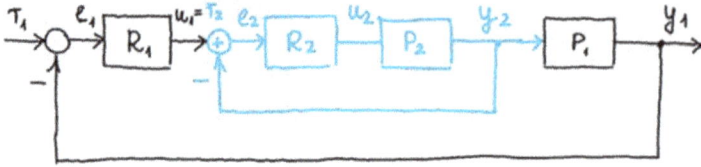

Abb. 8.9: Blockschaltbild eines Kaskadenreglers mit innerem Regelkreis bestehend aus P_2 und R_2 und äußeren Regelkreis, bestehend aus P_1 und R_1.

Kühlmantel konstant halten. Es reicht aber nicht aus, nur die Temperatur im Kühlmantel zu regeln, um sicherzustellen, dass die Temperatur im Reaktor konstant bleibt. Die Temperatur im Reaktor wird durch andere Störgrößen beeinflusst: Die Umgebungstemperatur wirkt sich auf Boden und Deckel aus, zudem kann die Temperatur der Zufuhr schwanken.

Aus diesem Grund verbinden wir die beiden Regelkreise über eine Kaskadenregelung. Dabei gibt die Temperaturregelung des Reaktors den Sollwert für die Temperaturregelung des Kühlmantels vor. Die Kühlmantelregelung stellt dann sicher, dass im Kühlmantel die richtige Temperatur herrscht. Dies funktioniert, weil sich die Temperatur im Kühlmantel schneller verändert als die Temperatur im Reaktor. Anders betrachtet kann man auch sagen, dass der innere, blaue Regelkreis sich um die schnelle Dynamik des Kühlmantels kümmert, während der äußere, schwarze Regelkreis sich um die langsamere Dynamik des Reaktors kümmert.

Das Prinzip der Kaskadenschaltung kann man auch verallgemeinert in Blockdiagrammform aufzeichnen, siehe Abbildung 8.9. Hier sind die beiden Regelkreise ineinander verschaltet. Der innere Regelkreis ist schneller, wir nennen ihn auch *Sekundär-* oder *Slave*-Regelkreis. Im Beispiel ist er die Temperaturregelung des Kühlmantels.

Der äußere Regelkreis ist langsamer, da er sich um die Primäraufgabe kümmert. In unserem Beispiel ist es, die Temperatur im Rührkessel konstant zu halten. Den äußeren Regelkreis nennen wir daher auch den *Primär-* oder *Master*-Regelkreis.

Es ist möglich, auch drei oder mehr Regler in Kaskaden aufzubauen. Dabei stecken Regler wie russische Puppen (Matroschka oder Babuschka) ineinander. Dies ist jedoch nur sinnvoll, wenn die Zeitkonstanten der inneren Kreise immer schneller sind als die äußeren.

8.2.1 Einstellen der PID-Parameter einer Kaskadenregelung

Sowohl für den inneren als auch für den äußeren Regelkreis werden normalerweise PID-Regler verwendet. Wir stellen die PID-Parameter einer Kaskadenschaltung wie folgt ein. Dabei wird von innen nach außen vorgegangen.

Zunächst brechen wir die Kaskadenschaltung auf, indem wir die Verbindung $u_1 = r_2$ aufheben. Der innere Regelkreis wird auf Hand gelegt. Dies bedeutet, dass die Stellgröße

$u_2(t)$ auf einen festen Wert gesetzt (z. B. 70 %) und nicht durch den Regler R_1 bestimmt wird. Dann stellen wir den inneren Regelkreis nach in Abschnitt 7.2 vorgestellten Methoden ein, d. h. wir bestimmen die Sprungantwort, indem wir $u_2(t)$ ändern (z. B. von 70 % auf 80 %) und die Wirkung auf $y_2(t)$ beobachten. Basierend auf dieser Sprungantwort wählen wir die PID-Parameter für Regler R_2. Nun legen wir den inneren Regelkreis auf AUTO, d. h. die Stellgröße $u_2(t)$ wird vom Regler R_2 berechnet.

Wenn die Regelgüte des inneren Regelkreises zufriedenstellend ist, bestimmen wir die Sprungantwort für R_1, die sowohl P_1 beinhaltet als auch den inneren Regelkreis. Wir geben also einen Sprung auf den Sollwert r_2 und beobachten die Auswirkungen auf die Regelgröße $y_1(t)$. Mit den ermittelten Prozessparameters bestimmen wir die PID-Parameter für den Regler R_1. Jetzt können wir die Kaskadenverbindung wieder herstellen, d. h. es gilt $u_1 = r_2$.

8.2.2 Verbesserung der Regelgüte

Abbildung 8.10 zeigt die Verbesserung der Regelgüte bei einer Reaktion auf eine Störgröße, die auf den Prozess des inneren Regelkreises P_2 wirkt. Die Störgröße in diesem Fall ist die Temperatur des zufließenden Kühlmittels, die ansteigt.

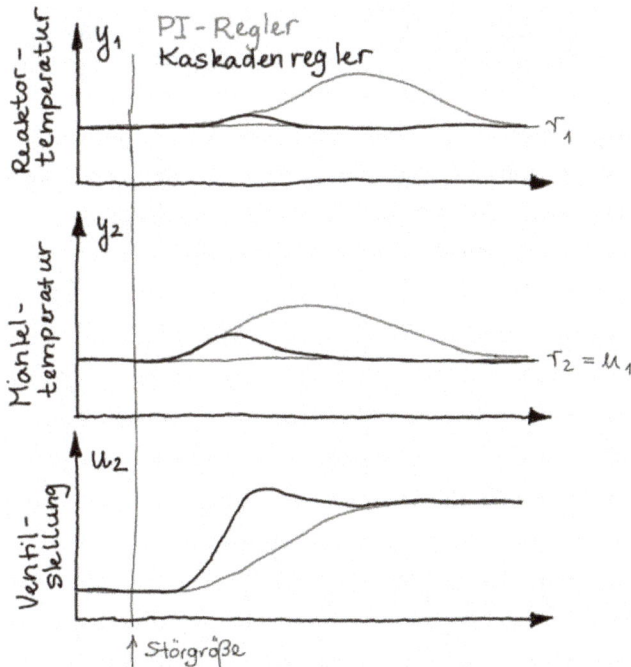

Abb. 8.10: Störgrößenantwort des geschlossenen Regelkreises mit einem gut eingestellten PI-Regler und mit einer Kaskadenschaltung.

Wird die Temperatur mit einem PI-Regler geregelt, wie in Abbildung 8.7 dargestellt ist, so steigt zunächst die Temperatur im Kühlmantel und dann die Temperatur im Reaktor, siehe Abbildung 8.10. Erst wenn die Änderung im Reaktor offensichtlich ist, beginnt der PI-Regler zu reagieren und öffnet das Ventil des Kühlwasserausgleichs weiter. Daraufhin sinkt die Kühlmanteltemperatur und anschließend die Reaktortemperatur auf den gewünschten Wert. Diese Regelung funktioniert, ist aber sehr langsam.

Wenn eine Kaskadenregelung zum Einsatz kommt dann steigt die Temperatur im Kühlmantel an und weicht vom Sollwert ab. Sobald die Änderung offensichtlich ist, reagiert das Ausgleichsventil des Kühlwassers und öffnet sich. Die Kühlwassertemperatur wird zeitnah angepasst. Die Reaktortemperatur verändert sich nur kaum, da sofort auf die Störung reagiert wird. Die Auswirkung der Störgröße auf die Regelgröße der Primärregelgröße macht sich daher bei der Kaskadenregelung kaum bemerkbar.

8.3 Kaskadenregelung und Feedforward

Es kann Fälle geben, in denen man sowohl eine Kaskadenregelung als auch eine Störgrößenaufschaltung anwenden möchte. Will man dies tun, so ist es wichtig, dass die Störgröße auf den richtigen Regler aufgeschaltet wird. Die Zusammenschaltung der beiden Reglerstrukturen ist in Abbildung 8.11 dargestellt.

Eine Störung d_1, die auf Prozessabschnitt P_1 wirkt, muss auf den Regler R_1 aufgeschaltet werden, während eine Störgröße d_2, die auf P_2 wirkt, auf den inneren Regelkreis R_2 aufgeschaltet werden muss.

Man könnte meinen, dass es sinnvoll wäre, alle Störgrößen auf den inneren Regelkreis R_2 zu schalten, da dieser schneller reagiert und die Störung schneller behoben wird. Dass dies nicht der Fall ist, kann man sich wie folgt überlegen.

Nimmt man an, dass die Störung d_1 an den Regler R_2 gegeben wird, dann wird der R_2 die Stellgröße u_2 ändern, um die Störung zu kompensieren. Das ist soweit gewünscht. Als Nächstes wird jedoch der Regler R_2 merken, dass die Prozessgröße y_2 vom Sollwert r_2

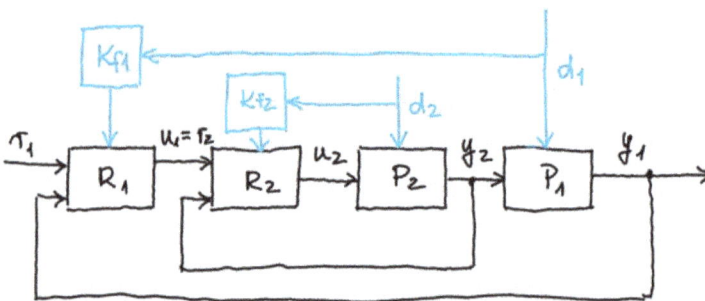

Abb. 8.11: Kombination aus Kaskade und Feedforward-Regelung.

abweicht. Aus diesem Grund wird der Regler R_2 die erste Änderung rückgängig machen und u_2 wieder auf den ursprünglichen Wert bringen.

Das Problem ist, dass der Regler R_2 den Sollwert von Regler R_1 bekommt. Der Reglerausgang von R_1 ändert sich jedoch nicht, da er nicht die Information über die Störung erhält. Aus diesem Grund muss die Feedforward-Verbindung der Störung d_1 zum Regler R_1 erfolgen. Auf diese Weise wird R_2 dafür sorgen, dass y_2 sich dem neuen Sollwert r_2 anpasst, der vom Regler R_1 vorgegeben wird.

Die Störung d_2 sollte jedoch, wie in Abbildung 8.11 gezeigt, an den inneren Regler R_2 gegeben werden. In den meisten Fällen führt die Störgrößenaufschaltung einer Störung d_2 an den inneren Regler nicht zu einer wesentlichen Verbesserung der Regelgüte. Der Grund dafür ist, dass der innere Regelkreis ohnehin schneller sein muss als der äußere. Die Störungen werden meist so schnell kompensiert, dass der äußere Regelkreis – dessen Regelgüte uns mehr interessiert als der innere – nicht betroffen ist.

8.4 Verstärkungsplanung

Einige Störgrößen wirken sich auf die Prozessdynamik aus – sie verändern nicht nur die Regelgröße, sondern auch die Wirkung zwischen Stellglied und Messglied. Ein solches Beispiel ist ein Wärmetauscher, wie er in Abbildung 8.12 dargestellt ist. Die Temperatur eines Mediums soll in einem Wärmetauscher auf eine Temperatur gebracht werden. In einem Wärmetauscher wird die thermische Energie von einem Stoff zu einem anderen übertragen. Das passiert meist wie hier dargestellt im Gegenstromprinzip. Die beiden Stoffe werden dabei durch eine wärmedurchlässige Wand getrennt. Damit eine gute Wärmeübertragung stattfinden kann, muss die Oberfläche möglichst groß sein,

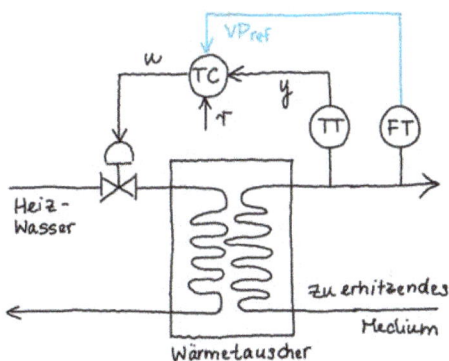

Abb. 8.12: Wärmetauscher mit Verstärkungsplanung. Die Zufuhr des Heizwassers wird geregelt, um die Temperatur TT im zu erhitzenden Medium konstant zu halten. Ändert sich der Durchfluss FT im zu erhitzenden Medium, so ändert sich auch die Prozessdynamik. Daher wird der Regler TC über das Referenzsignal VP_{ref} anders eingestellt.

hier mit verschlungenen Linien dargestellt. Solche Wärmetauscher findet man in vielen Heizungsanlagen, aber auch in industriellen Herstellungsprozessen.

In einem einfachen Regelkreis stellen wir die Temperatur über die Heizwasserzufuhr ein. Dies funktioniert. Wenn der Volumenstrom des zu erhitzenden Mediums jedoch stark schwankt, kann es sein, dass die Regelgüte nicht zufriedenstellend ist. Der Volumenstrom ist die Störgröße. Ist der Volumenstrom gering, so kommt das Medium sehr lange in Kontakt mit dem Heizwasser und wird stark erhitzt. Damit ist die Prozessverstärkung K_p groß. Ist der Volumenstrom hoch, so ist die Prozessverstärkung K_p klein. Bei einer kleinen Prozessverstärkung müssen wir das Ventil kräftig auf- und zumachen, um auf Störgrößen zum Beispiel in der Heizwasserzufuhr zu reagieren. Damit muss die Reglerverstärkung K groß sein. Bei einer großen Prozessverstärkung muss die Reglerverstärkung K klein sein, da wir vorsichtig regeln müssen.

Diese Argumentation ist der Ausgangspunkt für die Verstärkungsplanung: Die Reglerverstärkung K wird basierend auf der Störgröße unterschiedlich gewählt. Natürlich können wir nicht nur die Reglerverstärkung basierend auf der Störgröße wählen, sondern auch die Nachstellzeit T_i und die Vorhaltezeit T_d. Dennoch nennen wir die Anpassung der Reglerparameter *Verstärkungsplanung (VP)*. Das Signal, auf dessen Basis wir die Parameter unterschiedlich einstellen – in unserem Beispiel der Volumenstrom – nennen wir das Referenzsignal VP_{ref}.

8.4.1 Implementierung und Wahl der Reglerparameter

Die Dynamik der Regelgröße durch die Störgröße geändert. Daher benötigen wir andere Reglerparameter, um gut reagieren zu können. Um diese zu finden, müssen wir zunächst den Bereich der Störgröße markieren, für den ein Parametersatz gilt. Zum Beispiel können für einen Volumenstrom der Temperaturregelung im Wärmetauscher Bereiche definiert werden:
–   Bereich 1: 0–50 ml/min
–   Bereich 2: 50–100 ml/min
–   Bereich 3: 100–150 ml/min

Wenn der Volumenstrom klein ist, dann findet eine größere Wärmeübertragung statt, jedoch braucht diese länger. Damit ist die Regelung einfacher zu erreichen. Der Regler kann entspannter arbeiten. Damit muss wenig P- und I-Anteil aufgebracht werden (K klein und T_i groß). Bei einem hohen Volumenstrom findet eine kleinere Wärmeübertragung statt und es muss stärker geregelt werden (K groß und T_i klein). Zur exakten Wahl muss ein Sprungantwortexperiment bei unterschiedlichen Volumenströmen durchgeführt werden. So können die in Abbildung 8.13 gezeigten Reglerparameter gewählt werden.

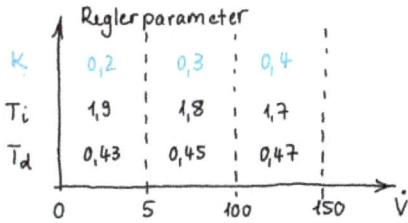

Abb. 8.13: Reglerparameter pro Intervall für die Verstärkungsplanung in Abhängigkeit des Volumenstroms, der in ml/min aufgetragen ist.

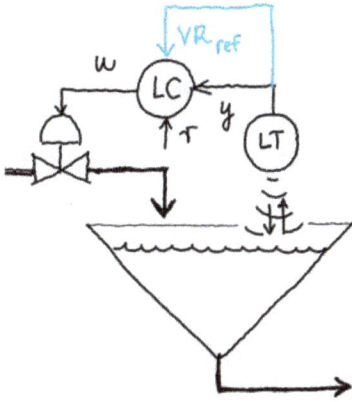

Abb. 8.14: Füllstandsregelung eines trichterförmigen und damit nichtlinearen Behälters mit Verstärkungsplanung.

Wie genau die Bereiche aufgeteilt werden hängt von der Anwendung ab. Auch müssen die Bereiche nicht gleich groß sein. Sie sollten jedoch so gewählt werden, dass die unterschiedliche Dynamik gut abgebildet wird.

8.4.2 Verstärkungsplanung für nichtlineare Prozesse

Die Verstärkungsplanung kommt nicht nur als Störgrößenkompensation, sondern für auch andere schwierige Dynamiken zum Einsatz. So kann zum Beispiel der Füllstand in einem Tank, der eine sich ändernde Grundfläche hat, geregelt werden, siehe Abbildung 8.14. Die Geschwindigkeitsverstärkung K_v ändert sich in Abhängigkeit von der Füllhöhe. Wenn der Füllstand niedrig ist, ist die Querschnittsfläche A klein. Damit ist die Geschwindigkeitsverstärkung hoch, denn der Füllstand ändert sich schnell, wenn der Zufluss in den Tank fluktuiert. Wenn der Füllstand hoch ist, dann ist die Verstärkung kleiner. Änderungen im Zulauf führen dann kaum zu einer Veränderung des Füllstandes.

In diesem Fall ist es sinnvoll, unterschiedliche Reglerparameter bei unterschiedlichem Füllstand anzuwenden. Damit ist das Referenzsignal keine Störgröße, sondern die Regelgröße selbst. Dies ist in Abbildung 8.14 dargestellt. Für die Anwendung der Verstärkungsplanung muss man das Phänomen der Störgröße oder die sich ändernde Prozessdynamik nicht genau verstehen. Es reicht aus, die verändernde Dynamik anhand von Sprungantwortexperimenten zu beobachten.

Auch Ventile können nichtlinear sein und damit schwierigere Dynamiken zur Folge haben. Ist die Ventilkennlinie – der Zusammenhang von Stellgröße $u(t)$ und Volumenstrom $\dot{V}$ – bekannt, so kann diese über eine invertierte Kennlinie kompensiert werden. Ist die Kennlinie nur grob bekannt, so kann eine Verstärkungsplanung zum Einsatz kommen, die andere Reglerparameter für große als für kleine Werte von $u(t)$ wählt.

> Die Verstärkungsplanung ist einfach, effizient und robust. Ein Nachteil ist, dass mehrere Sätze von Parametern bestimmt werden müssen und dass diese Bestimmung zusammen mit der Unterteilung in passende Bereiche zeitaufwendig sein kann.

8.5 Aufgaben

Aufgabe 8.1. Abbildung 8.15 zeigt das Prozessschema eines Dampferzeugers. Dabei wird Dampf in einem Trommelförmigen Kessel erzeugt, der über einen Brenner im Zulauf entsteht. Der Dampf wird zu Verbrauchern geführt. Es ist wichtig, den Füllstand des Wassers zu regeln. Die wichtigsten Störgrößen sind die Durchflussschwankungen

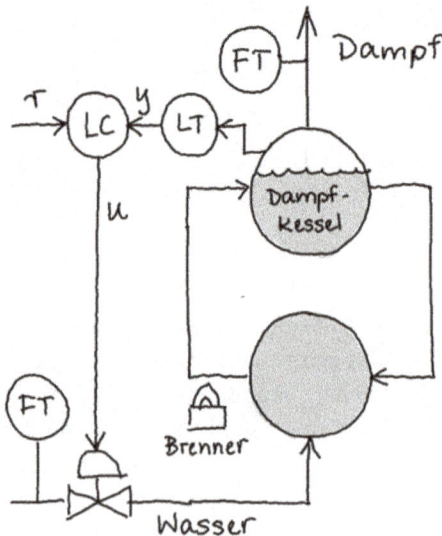

Abb. 8.15: Prozessschema eines Dampferzeugers mit den Störgrößen FT im Wasserzulauf und auf der Dampfseite für Aufgabe 8.1.

im Wasserzulauf und die Durchflussschwankungen im Dampfverbrauch. Zeichne in das Prozessschema erweiterte Reglerstrukturen ein, die diese beiden Störgrößen kompensieren können.

Aufgabe 8.2. In einem Gewächshaus soll die Temperatur geregelt werden. Wenn die Außentemperatur unter 15 °C abfällt, sind die Fenster vollständig geschlossen. Bei einer Außentemperatur von über 30 °C sind die Fenster vollständig geöffnet. Der gemessene Temperaturbereich erstreckt sich über −5 °C bis +40 °C. Berechne den Verstärkungsfaktor einer K_f bei Verwendung einer Störgrößenaufschaltung (Feedforward) und bestimme, wie weit die Fenster bei 20 °C geöffnet sind.

9 Lösungen

Kapitel 2

Aufgabe 2.1. Der Aktor ist die Membranpumpe des Diffusors, über die Luft eingespeist wird. Die Regelgröße ist der Sauerstoffgehalt, der kontinuierlich gemessen werden soll, siehe Abbildung 9.1. Der Prozess ist die Verbindung von Sprudelstein und Aquarium, also alles, das sich zwischen Pumpe und Sensor befindet. Mögliche Störgrößen sind der sich ändernde Sauerstoffverbrauch durch starkes oder schwaches Algen und Fischwachstum, sowie der Sauerstoffgehalt der zugeführten Luft. Gegebenenfalls kann auch die sich ändernde Lichteinstrahlung eine Einwirkung auf den Sauerstoffgehalt haben, bzw. auch eine zusätzliche Wasserzufuhr. Auch die Temperatur kann die Sauerstoffaufnahme beeinflussen und eine Störgröße darstellen.

Aufgabe 2.2. Der Zeitverlauf von Regelgröße y, der Luftfeuchte, und Stellgröße u, dem Reglerausgang oder Anweisung an den Aktor, sind in Abbildung 9.2 dargestellt. Der Regler wird zu Beginn feststellen, dass die gemessene Luftfeuchte (Istwert = Regelgröße) unterhalb der gewünschten Luftfeuchte (Sollwert) liegt. Das Stellsignal u ist daher auf dem Wert 1, d. h. das Sprühsystem versprüht Wasser. Solange die Luftfeuchte unterhalb des Sollwertes r liegt ist die Regelabweichung $e = r - y$ positiv und das Sprühsystem bleibt angeschaltet ($u = 1$). Wenn die Luftfeuchte y den Sollwert r erreicht – dies ist in der Abbildung mit dem Zeitpunkt (1) markiert – wird geschaltet, von $u = 1$ auf $u = 0$. Da das System aber träge ist, steigt die Luftfeuchte zunächst weiter an, obwohl keine weitere Feuchtigkeit hinzugefügt wird. Es wird eine maximale Luftfeuchte zum Zeitpunkt (2) erreicht. Ab diesem Umkehrpunkt sinkt aber die Luftfeuchte wieder ab. Sobald sie unterhalb des Sollwerts fällt, zum Zeitpunkt (3), so wird das Sprühsystem wieder eingeschaltet, d. h. $u = 1$. Dieser Vorgang wiederholt sich danach in der umgekehrten Richtung (die Luftfeuchte sinkt zunächst weiter ab, bevor sie sich wieder erhöht). Der Regler sorgt dafür, dass die Luftfeuchte sich innerhalb eines engen Bandes um den Sollwert bewegt.

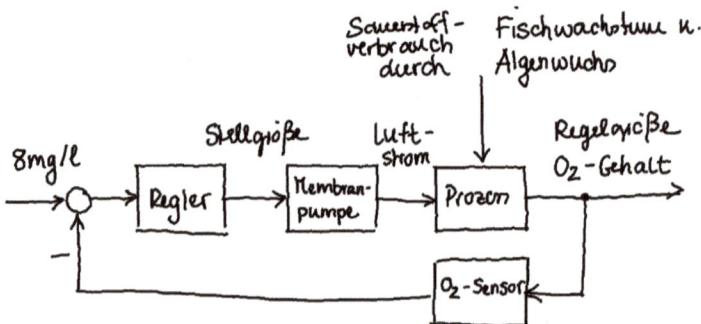

Abb. 9.1: Regelkreis zum Sauerstoffgehalt eines Aquariums aus Aufgabe 2.1.

https://doi.org/10.1515/9783111573038-009

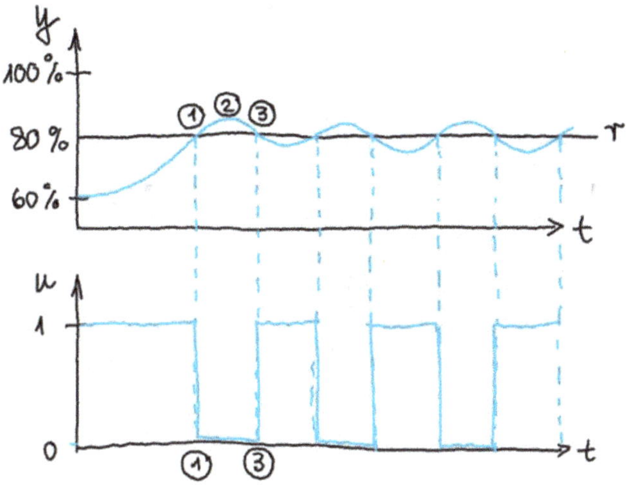

Abb. 9.2: Zeitverlauf einer An-/Aus-Regelung. Dabei ist *y* die Regelgröße, *r* der Sollwert und *u* die Stellgröße aus Aufgabe 2.2.

Aufgabe 2.3. Die Aufgabe des Feedback-Reglers ist es, die Regelgrößen so nah wie möglich an den gewünschten Sollwerten zu halten. Die Regelgrößen sind die Temperatur und der Volumenstrom, der aus dem Duschkopf austritt und damit ein unterschiedliches Druckgefühl erzeugt. Wir haben zwei Regelgrößen, die wir bei zwei Aktoren (Kalt- und Warmwasserzufuhr) aber nicht unabhängig voneinander regeln können. Erhöhen wir die Kaltwasserzufuhr, so sinkt die Temperatur, während der Volumenstrom zunimmt. Möchten wir nur die Temperatur regeln, so vergleichen wir bei einem manuellen Feedback-Regler die gewünschte Temperatur mit der von uns – meistens mit der Hand – gemessenen Temperatur. Wir stellen dann per Hand die Temperatur in der Dusche ein.

Aufgabe 2.4. Die Regelung des Glukosespiegels ist in Abbildung 9.3 dargestellt. Aktor ist die Insulinpumpe und der Glukosespiegel wird über ein Blutzuckermessgerät heutzutage kontinuierlich gemessen. Der Körper umfasst alles zwischen der Eingangsstelle des Insulins und der Blutzuckermessung, d. h. den gesamten Blutkreis und andere Transportwege im Körper. Es ist heutzutage nicht möglich, den Körper genau zu beschreiben. Man weiß jedoch, dass Die Essensaufnahme und Bewegungen einen Einfluss auf den Blutzuckerwert haben. Diese werden hier als Störgrößen betrachtet.

Aufgabe 2.5. Die beiden Abbildungen einer Massenstromregelung – Prozessschema und Blockdiagramm – sind in Abbildung 9.4 farblich markiert, sodass gleiche Elemente der gleichen Farbe entsprechen. Beachte hierbei, dass im Prozessschema der Sensor VOR dem Aktor abgebildet ist. Dies liegt jedoch daran, dass wir VOR dem Aktor messen müssen, um Messungenauigkeiten zu vermeiden, die durch Verwirbelungen nach dem Ventil entstehen. An sich wollen wir den Massenstrom NACH dem Ventil regeln. Der

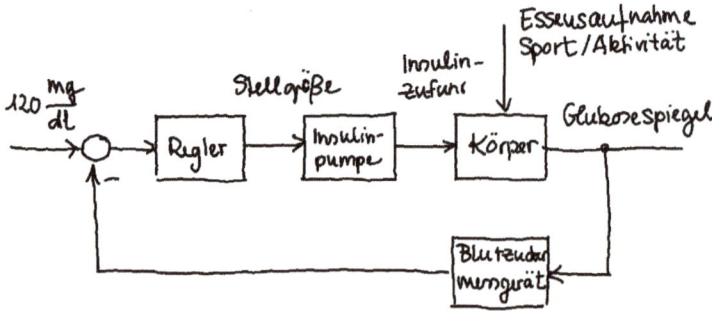

Abb. 9.3: Regelkreis des Glukosespiegels mithilfe von Insulinpumpe und Blutzuckermessgerät aus Aufgabe 2.4.

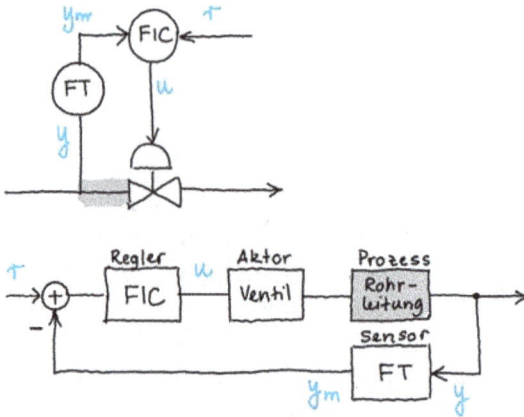

Abb. 9.4: Prozessschema einer Massenstromregelung und Darstellung des allgemeinen Blockdiagramms eines geschlossenen Regelkreises mit eingetragenen Werten aus Aufgabe 2.5.

Prozess besteht nur aus einem Stückchen Rohrleitung, das dynamisch gesehen nicht relevant ist, da der Messwert nicht verändert wird und die Zeit, die die Flüssigkeit durch die Rohrleitung braucht, vernachlässigt werden kann. Eine Massenstromregelung ist ein besonderer Fall einer Regelstrecke, bei dem der größte Anteil der Dynamik durch den Sensor hervorgerufen wird, d. h. die meiste Zeitverzögerung entsteht an dieser Stelle.

Aufgabe 2.6. Ein Backofen funktioniert wie nach dem An-/Aus-Prinzip eines Zweipunktreglers. Das gleiche Prinzip wird im Bügeleisen verwendet. Allerdings kann bei einem Bügeleisen die Temperatur nicht in Grad Celsius eingestellt werden, sondern wird nur in Stufen angegeben. Waschmaschinen müssen ebenfalls eine Temperatur exakt halten. Auch hier wird allgemein ein Zweipunktregler verwendet, in teureren Modellen auch manchmal ein PID-Regler. Die meisten (einfachen Toaster) haben keinen Temperaturregler eingebaut. Stattdessen läuft die Heizzeit über eine Zeitschaltuhr (Timer) ab. Sobald die Zeit abgelaufen ist, wird ein Mechanismus ausgelöst, der den Toast nach oben springen lässt. Kaffeemaschinen kommen in allen Ausführungen. Generell kommt kein Regler zum Einsatz, stattdessen wird Wasser kontinuierlich erhitzt. Bei teureren Espressomaschinen wird jedoch nicht nur die Temperatur, sondern auch der Druck geregelt. Hier ist eine Regelung unbedingt erforderlich.

Kapitel 3

Aufgabe 3.1. (a) Der Füllstand ist durch die Menge und die Grundfläche A gegeben: $h = V/A = 60\,\text{dm}^3/20\,\text{dm}^2 = 3\,\text{dm} = 30\,\text{cm}$. Da der Behälter mit $F = 2$ Liter pro Sekunde entleert wird, ist der Behälter zum Zeitpunkt $t = V/F = 60\,\text{dm}^3/2\,\text{dm/s} = 30\,\text{s}$ entleert. Das heißt, dass der Füllstand sinkt linear mit 1 cm ab.

(b) Die Eingangsgröße u ist die Stellgröße. Da der Ablauf geregelt werden soll, ist der Ablauf F_{aus} die Stellgröße. Die Ausgangsgröße y eines Prozesses ist die Regelgröße. In diesem Fall ist es der Füllstand. Eingangs- und Ausgangsgröße sind über den folgenden Zusammenhang verbunden: $A\frac{dy}{dt} = F_{\text{ein}} - F_{\text{aus}}$.

(c) Die Grundfläche A verändert das Prozessverhalten. Eine größere Grundfläche verlangsamt das System, da es länger dauert (bei gleichem Zu- und Ablauf), den Behälter zu füllen oder zu leeren.

Aufgabe 3.2. (a) Die Eingangsgröße ist die Kraft F, mit der wir am Wagen ziehen. Diese Kraft können wir beeinflussen. Die Wirkung ist die Ausgangsgröße: die Auslenkung x.

(b) Die Federkraft ist proportional zur Auslenkung: $F_k = kx$. k bezeichnet die Federkonstante. Die Dämpfungskraft ist proportional zur Geschwindigkeit $\dot{x}$: $F_d = b\dot{x}$. Die Bewegungskraft ist proportional zur Beschleunigung: $F_a = m\ddot{x}$. Diese Kräfte müssen im Gleichgewicht sein. Diese drei Kräfte müssen im Gleichgewicht sein und wirken entgegen der Auslenkungskraft F:

$$F_a + F_k + F_d = F$$

Die Differentialgleichung lautet daher:

$$m\ddot{x} + b\dot{x} + kx = F(t)$$

Es handelt sich um eine Differentialgleichung 2. Ordnung.

(c) Zum Zeitpunkt $t = 0$ ist die Masse um $x = 10$ cm ausgelenkt. Die Federkraft zieht die Masse über die Ruhelage hinaus, die dann wieder zurückschwingt. Die Dämpfung verhindert ein unendliches Hin- und Herschwingen. Stattdessen klingt die Schwingung exponentiell ab. Dies ist in Abbildung 9.5 dargestellt.

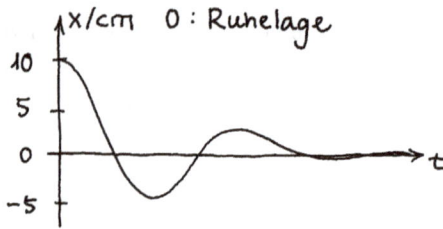

Abb. 9.5: Zeitverlauf der Auslenkung x eines Wagens, der ausgelenkt wird aus Aufgabe 3.2.

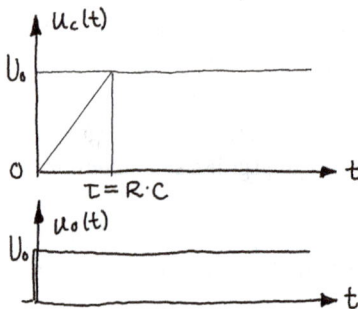

Abb. 9.6: Sprungantwort der Spannung über eine Kapazität aus einem RC-Kreis in Aufgbabe 3.3.

Aufgabe 3.3. (a) Wir stellen die Maschengleichung im Stromkreis auf, bei der die Spannung $u_R(t)$ über den Widerstand und $u_C(t)$ über den Kondensator abfällt:

$$u_0(t) = u_R(t) + u_C(t)$$

Für den Widerstand gilt das Ohm'sche Gesetz $u_R(t) = Ri(t)$, wobei $i(t)$ der Strom im Stromkreis ist, der sowohl durch den Widerstand als auch durch die Kapazität fließt. Der Zusammenhang von Strom und Spannung an der Kapazität wird durch die Gleichung $i(t) = C\frac{du_C}{dt}$ beschrieben. Beide Zusammenhänge können wir in die Maschengleichung einsetzen und erhalten

$$u_0(t) = Ri(t) + u_C(t) = RC\frac{du_C}{dt} + u_C(t)$$

Diese Differentialgleichung beschreibt den Zeitverlauf der Kondensatorspannung.

(b) Die Eingangsgröße ist die Gleichspannungsquelle $u_0(t)$, die wir zum Zeitpunkt $t = 0$ anschalten und die damit einem Sprung entspricht. Die Kondensatorspannung steigt zunächst schnell, dann abklingend exponentiell mit der Zeit an bis kein Strom mehr durch den Widerstand R fließt und die gesamte Spannung der Quelle U_0 am Kondensator abfällt. Dies ist in Abbildung 9.6 dargestellt.

Aufgabe 3.4. Um die Prozessverstärkung K_p und die Zeitkonstante τ zu berechnen müssen wir die Parameter vor den Termen $\frac{dy}{dt}$, y und u vergleichen. Dazu müssen wir zunächst sicherstellen, dass der Parameter vor dem Term y gleich 1 ist. Da dies nicht der Fall ist, sondern der Parameter davor gleich 2 ist, müssen wir die Gleichung durch 2 teilen und erhalten

$$\frac{9}{2}\frac{dy}{dt} + y = 3u$$

Nun können wir die Parameter ablesen und erhalten $\tau = \frac{9}{2}$ und $K_p = 3$.

Aufgabe 3.5. (a) Wie in der Aufgabenstellung beschrieben, ist die Eingangsgröße die Ventilstellung im Zulauf (auch wenn in der Abbildung kein Ventil im Zulauf eingezeichnet wurde). Die Ausgangsgröße ist die Regelgröße – der Füllstand.

(b) Es gilt für den

$$A\frac{dh}{dt} = \dot{V}_{\text{ein}} - \dot{V}_{\text{aus}}$$

Da es sich um ein festes Ventil handelt, ist der Ablauf mit $\dot{V}_{\text{aus}} = bh$ gegeben. Die Gleichung wird daher zu:

$$A\frac{dh}{dt} = \dot{V}_{\text{ein}} - bh$$

Dies können wir zu

$$\frac{A}{b}\frac{dh}{dt} + h = \frac{1}{b}\dot{V}_{\text{ein}}$$

umstellen. Es handelt sich also um eine Differentialgleichung 1. Ordnung mit einer Prozessverstärkung $K_p = \frac{1}{b}$ und einer Zeitkonstante $\tau = \frac{A}{b}$.

(c) Mit den gegebenen Werten können wir die Prozessverstärkung $K_p = \frac{1}{20}$ s/cm^2 und die Zeitkonstante $\tau = 15$ s bestimmen. Der Durchfluss $\dot{V}_{\text{ein}}$ wird von 0 auf 40 cm^3/s erhöht. Damit stellt sich der Prozess auf 2 cm ein, siehe Abbildung 9.7.

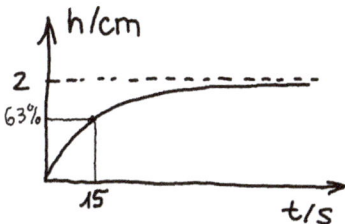

Abb. 9.7: Sprungantwort des Füllstands eines Tanks, der im Ablauf mit einem festen Ventil versehen ist aus Aufgabe 3.5.

Kapitel 4

Aufgabe 4.1. Die Polstellen bestimmen den Nenner der Übertragungsfunktion zu:

$$N(s) = (s - s_1)(s - s_2) = (s + 1 - 3j)(s + 1 + 3j) = s^2 + 2s + 10$$

Der Zähler wird durch die Nullstelle vorgegeben zu:

$$Z(s) = (s - s_a) = s + 2$$

Damit ergibt sich die Übertragungsfunktion zu

$$G(s) = \frac{Z(s)}{N(s)} = \frac{A(s + 2)}{s^2 + 2s + 10}$$

Der Faktor A berücksichtigt, dass die Prozessverstärkung mit $K_p = 1{,}5$ vorgegeben wurde. Es gilt:

$$K_p = \lim_{s \to \infty} G(s) = \lim_{s \to \infty} \frac{A(s + 2)}{s^2 + 2s + 10} = 1{,}5$$

Lassen wir s gegen unendlich gehen, so bleibt

$$\frac{A \cdot 2}{10} = 1{,}5$$

Dies können wir nach A auflösen und erhalten $A = 1{,}5 \cdot 5 = 7{,}5$.

Aufgabe 4.2. Bis zum Zeitpunkt $t = 5$ Zeiteinheiten kann die Funktion $u(t)$ als Rampe mit der Steigung $\frac{1}{5}$ ausgedrückt werden, d. h. $u_1(t) = \frac{1}{5}t$. Ab dem Zeitpunkt $t = 5$ muss die Rampe aufgehoben werden. Dies kann durch eine negative Rampe erreicht werden, die um 5 Zeiteinheiten nach rechts verschoben wird. Diese Funktion kann mit $u_2(t) = -\frac{1}{5}(t - 5)$ beschrieben werden. Beide Rampen müssen mit einem Sprung multipliziert werden, da vor dem Zeitpunkt $t = 0$ die Funktion $u(t)$ gleich null ist bzw. die Funktion $u_2(t)$ vor dem Zeitpunkt $t = 5$ gleich null ist. Daher lautet die Funktion:

$$u(t) = u_1(t) + u_2(t)$$

Wobei

$$u_1(t) = \frac{1}{5}ts(t)$$

$$u_2(t) = \frac{1}{5}(t - 5)s(t - 5).$$

Die Funktionen $u_1(t)$ und $u_2(t)$ sind in Abbildung 9.8 dargestellt.

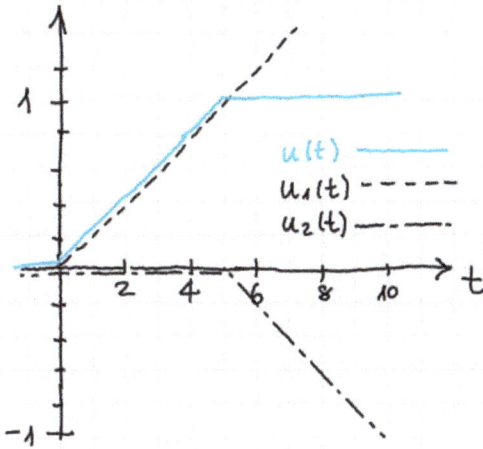

Aufgabe 4.3. (a) Eine Nullstelle bei $s = -7$, zwei Pole bei $s_{1/2} = -4{,}5 \pm \sqrt{4{,}5^2 - 14}$ oder $s_1 = -2$ und $s_2 = -7$. Der Prozess ist stabil und die Prozessverstärkung ist $K_p = \lim_{s \to \infty} G(s) = 0{,}5$.

(b) Keine Nullstelle, zwei Pole bei $s_{1/2} = -1{,}5 \pm \sqrt{1{,}5^2 + 6} = -1{,}5 \pm 2{,}87$ oder $s_1 = 1{,}37$ und $s_2 = -4{,}37$. Das System ist instabil, da sich ein Pol in der rechten Hälfte der s-Ebene befindet. Die Prozessverstärkung kann bei einem instabilen System nicht berechnet werden.

(c) Keine Nullstelle, zwei Pole bei $s_{1/2} = -1 \pm \sqrt{1 - 2} = -1 \pm j$. Die Pole sind komplex konjugiert und das System wird oszillieren. Die Pole liegen in der linken Hälfte der s-Ebene und das System ist daher stabil. Die Prozessverstärkung ist $K_p = 1$.

(d) Eine Nullstelle bei $s = 3$ und zwei Pole bei $s_{1/2} = -2{,}25 \pm \sqrt{2{,}25^2 - 2} = -2{,}25 \pm 1{,}75$ oder $s_1 = -0{,}75$ und $s_2 = -4{,}25$. Das System ist stabil. Die Prozessverstärkung ist $K_p = \frac{-3}{2}$. Eine negative Prozessverstärkung gibt an, dass die Regelgröße bei einem positiven Sprung anwächst.

(e) Eine Nullstelle bei $s_a = -\frac{2}{3}$ und zwei Pole bei $s_1 = -3$ und $s_2 = -0{,}5$. Das System ist stabil. Die Prozessverstärkung ist $K_p = \frac{10 \cdot 2}{1} = 20$.

(f) Eine Nullstelle bei $s_a = -4$ und zwei Pole bei $s_1 = -3$ und $s_2 = +1$. Das System ist instabil. Die Prozessverstärkung eines instabilen Systems kann nicht angegeben werden.

Aufgabe 4.4. Die Laplace-Transformierte kann umgeschrieben werden zu

$$Y(s) = \frac{2}{15s(s^2 + \frac{11}{15}s + \frac{2}{15})}$$

$$= \frac{2}{15}\frac{1}{s(s + \frac{1}{3})(s + \frac{2}{5})}$$

$$= \frac{2}{s(3s + 1)(5s + 2)}$$

$$= \frac{1}{s(3s + 1)(2{,}5s + 1)}$$

Die Zeitkonstanten sind daher $\tau_1 = 3$ und $\tau_2 = 2{,}5$. Nach Gleichung 9 in der Laplace-Tabelle folgt, dass

$$y(t) = 1 - 2(3e^{-t/3} - 2{,}5e^{-t/2{,}5})$$

Zum Zeitpunkt $t = 0$ ist $y(0) = 1 - 2(3 - 2{,}5) = 1 - 1 = 0$ und für $t \to \infty$ gilt $y(\infty) = 1$.

Aufgabe 4.5. Das Zeitsignal ist in Abbildung 9.9 dargestellt und setzt sich aus zwei Signalen zusammen:

$$u(t) = 2s(t) - 2s(t - 0{,}25)$$

Die Laplace-Transformierte lautet nach der Laplace-Tabelle:

$$U(s) = \frac{2}{s}(1 - e^{-0{,}25s})$$

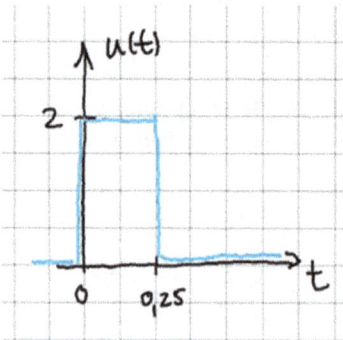

Abb. 9.9: Zeitverlauf eines Pulses $u(t)$ wie in Aufgabe 4.5 beschrieben.

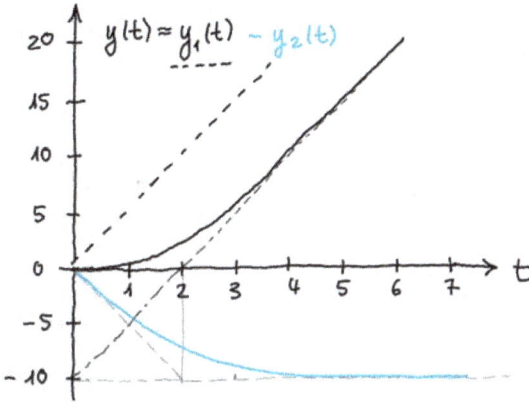

Abb. 9.10: Zeitverlauf eines PT_1-Prozesses aus Aufgabe 4.6, das eine Rampe zur Eingangsgröße hat. Der Ausgangswert ist ebenfalls eine Rampe, jedoch um den Wert $K_p\tau$ zeitverzögert. Dies ist der gleiche Zeitverlauf, den ein PT_1+I-Prozesses zur Folge hätte, wenn ein Sprung angewandt wurde.

Aufgabe 4.6. (a) Die Übertragungsfunktion eines PT_1-Prozesses lautet $G(s) = \frac{K_p}{\tau s+1}$ und des Eingangssignals $U(s) = \frac{1}{s^2}$. Damit gilt:

$$Y(s) = \frac{K_p}{s^2(\tau s + 1)}$$

(b) Der erste Term von $Y(s) = \frac{5}{s^2} + \frac{20}{s(2s+1)}$ ist $Y_1(s) = \frac{5}{s^2}$ und kann mithilfe von Gleichung 3 aus der Laplace-Tabelle zu $y_1(t) = 5t$ rücktransformiert werden. Der zweite Teil ist $Y_2(s) = \frac{20}{s(2s+1)}$ und ergibt $y_2(t) = -10(1 - e^{-t/2})$ mithilfe von Gleichung 8 aus Laplace-Tabelle. Damit ergibt sich die rücktransformierte Ausgangsgröße als

$$y(t) = 5\big(t - 2(1 - e^{-t/2})\big)$$

Wollen wir dies nun skizzieren, so müssen wir die Funktion $y_2(t)$ zur linearen Funktion $y_1(t)$ addieren. Ab dem Zeitpunkt von ungefähr 3τ ist $y_2(t)$ fast auf dem Endwert, d. h. bei 10. Zu den gegebenen Zeitpunkten beträgt $y(t)$ die folgenden Werte: $y(0) = 0, y(1) = 1,1, y(2) = 3,7, y(5) = 15,8$. Abbildung 9.10 zeigt die Funktionen $y_1(t)$, $y_2(t)$ und $y(t)$.

Kapitel 5

Aufgabe 5.1. Die Differentiale werden in der Laplace-Transformation durch Multiplikationen mit s ersetzt:

$$4s^2Y(s) + 8sY(s) + 2Y(s) = 3U(s)$$

Wir können $Y(s)$ ausklammern und nach $Y(s)/U(s)$ auflösen:

$$G(s) = \frac{Y(s)}{U(s)} = \frac{3}{4s^2 + 8s + 2}$$

In der Standardform ist der Faktor vor s^2 gleich 1. Daher teilen wir Zähler und Nenner durch 4.

$$G(s) = \frac{\frac{3}{4}}{s^2 + 2s + 0{,}5}$$

Wir vergleichen dies mit der Standardform:

$$G(s) = \frac{K_p \omega_0^2}{s^2 + 2d\omega_0 s + \omega_0^2}$$

Im nächsten Schritt können wir $\omega_0^2 = 0{,}5$ bestimmen, da dies der Konstanten im Nenner entspricht. Daher gilt $\omega = \sqrt{0{,}5} = 0{,}707$. Im nächsten Schritt vergleichen wir den Faktor vor s im Nenner:

$$2d\omega_0 = 2$$

Da wir ω_0 kennen, können wir nach d auflösen.

$$d = \frac{2}{2\omega_0} = \frac{1}{\sqrt{0{,}5}} = 1{,}41$$

Die Prozessverstärkung K_p berechnen wir, indem wir den Zähler vergleichen und $\omega_0^2 = 0{,}5$ einsetzen:

$$K_p \omega_0^2 = \frac{3}{4}$$

Hieraus folgt $K_p = \frac{3}{2} = 1{,}5$.

Aufgabe 5.2. Der Puls kann in zwei Sprungfunktionen aufgeteilt werden: einen Sprung nach oben um 5 zum Zeitpunkt $t = 2$ und einen Sprung um 5 nach unten zum Zeitpunkt $t = 4$. Die Sprungfunktionen sind daher einmal um 2 und einmal um 4 Zeiteinheiten verschoben:

$$p(t) = 5s(t - 2) - 5s(t - 4)$$

Die Laplace-Transformierte nach der Laplace-Tabelle einer zeitverschobenen Funktion $f(t)$ ist $e^{-T_t s} F(s)$. Die Laplace-Transformierte eines Sprunges ist $\frac{1}{s}$. Die Laplace-Transformierte des Pulses lautet daher:

$$P(s) = \frac{5}{s}(e^{-2s} - e^{-4s})$$

Aufgabe 5.3. Das System wird schwingen, da es zwei komplex konjugierte Pole gibt. Es wird stabil sein, da kein Pol in der rechten Hälfte der s-Ebene liegt.

Aufgabe 5.4. Das System wird schwingen, da es zwei komplex konjugierte Pole gibt. Es wird instabil sein, da ein Pol in der rechten Hälfte der s-Ebene liegt.

Aufgabe 5.5. Der Nenner des Systems wird aus den beiden Polen gebildet:

$$N(s) = (s - s_1)(s - s_2) = (s + 10 - j)(s + 10 + j) = s^2 + 20s + 101$$

Damit ist die Kreisfrequenz $\omega_0 = \sqrt{101} \approx 10$ und die Dämpfung kann durch den Vergleich der Vorfaktoren vor s bestimmt werden:

$$2d\omega_0 = 20$$

Daher ist $d \approx 1$. Dies lässt sich nachvollziehen, da die Pole sehr nahe an der realen Achse sind. Es wird zu einer vernachlässigbar kleinen Schwingung kommen.

Aufgabe 5.6. Die Übertragungsfunktion des Systems lautet:

$$G(s) = \frac{2}{(2s + 1)^4} = \frac{2}{16s^4 + 32s^3 + 24s^2 + 8s + 1}$$

Damit ist $a_4 = 16$, $a_3 = 32$, $a_2 = 24$, $a_1 = 8$, $a_0 = 1$ und $b_0 = 2$

Aufgabe 5.7. Die Sprunghöhe des Eingangssignals $u(t)$ kann zu $\Delta u = 60 - 40 = 20$ bestimmt werden. Die Steigung, mit der die Regelgröße y zunimmt, kann über ein Steigungsdreieck bestimmt werden, z. B. $v = \frac{50-10}{5-1} = 10$. Damit ergibt sich die Geschwindigkeitsverstärkung zu $K_v = \frac{v}{\Delta u} = \frac{10}{20} = 0{,}5$.

Aufgabe 5.8. Die Regelgröße y, der Füllstand, ist bis zum Zeitpunkt $t = 0$ bei $y = 30\% = 0{,}3$. Danach steigt y mit der Steigung v an. v kann mithilfe der Geschwindigkeitsverstärkung und der Sprunghöhe $\Delta u = 35\% - 25\% = 10\% = 0{,}1$ berechnet werden zu

$$v = K_v \Delta u = 4 \cdot 0{,}1 = 0{,}4$$

So wird zum Beispiel zum Zeitpunkt $t = 1$ der Wert $y = 0{,}3v \cdot t = 0{,}3 + 0{,}4 \cdot 1 = 0{,}7$ erreicht.

Der resultierende Zeitverlauf ist in Abbildung 9.11.

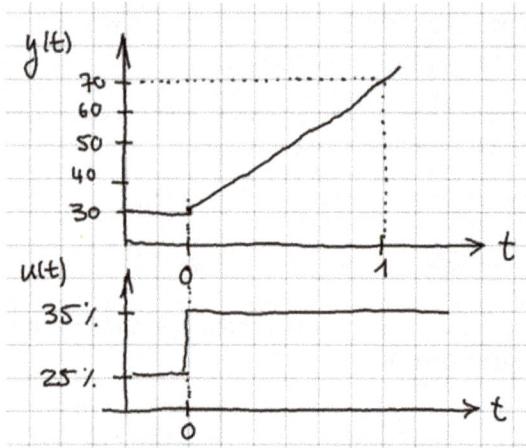

Abb. 9.11: Zeitverlauf der Sprungantwort $y(t)$ eines integrierendes Prozesses wie in Aufgabe 5.8 beschrieben.

Kapitel 6

Aufgabe 6.1. Die Übertragungsfunktion war mit

$$G_{\mathrm{CL}}(s) = \frac{3}{s^2 + 2s + 5}$$

Gegeben und es wurden die Pole, sowie die Überschwingzeit t_p, die Beruhigungszeit t_s und die Überschwingweite Δh gesucht.

Die Pole ergeben sich aus der Lösung der quadratischen Gleichung $s^2 + 2s + 5$:

$$s_{1/2} = -1 \pm \sqrt{1 - 5} = -1 \pm 2j$$

Es handelt sich dabei um ein komplex konjugiertes Polpaar und wir wissen, dass die Dämpfung d zwischen 0 und 1 liegt bzw. dass das System zu einem Überschwinger führt.

Um die Zeitparameter zu bestimmen, müssen wir die Parameter d und ω_0 aus der quadratischen Gleichung ableiten, indem wir die Parameter der allgemeinen Form $s^2 + 2d\omega_0 s + \omega_0^2$ mit der gegebenen Gleichung $s^2 + 2s + 5$ vergleichen.

Daraus folgt zunächst, dass $\omega_0^2 = 5$ oder $\omega_0 = \sqrt{5}$. Dies können wir in $2d\omega_0 = 2$ einsetzen und erhalten $d = \frac{1}{\omega_0} = \frac{1}{\sqrt{5}}$.

Danach ziehen wir die Formeln für die Zeitparameter hinzu.

$$t_p = \frac{\pi}{\omega_0 \sqrt{1 - d^2}} = \frac{\pi}{\sqrt{5}\sqrt{1 - \frac{1}{5}}} = \frac{\pi}{\sqrt{5}\sqrt{\frac{4}{5}}} = \frac{\pi}{2} = 1{,}57$$

Wenn ϵ mit dem Wert 5 % angegeben wird, d. h. $\epsilon = 0,05$, dann gilt für die Beruhigungszeit

$$t_s = -\frac{\ln \epsilon}{d\omega_0} = -\ln \epsilon \approx 3$$

$$\Delta h = \exp\left\{-\frac{\pi d}{\sqrt{1-d^2}}\right\} = \exp\left\{-\frac{\pi \sqrt{\frac{1}{5}}}{\sqrt{\frac{4}{5}}}\right\} = \exp\left\{-\frac{\pi}{2}\right\} \approx 0,2 = 20\,\%$$

Die Ergebnisse bedeuten, dass das System mit den Polen bei $s_{1/2} = -1 \pm 2j$ eine Überschwingweite von 20 % hat, der erste Überschwinger findet nach 1,57 Sekunden statt, und die Beruhigungszeit ist 3 Sekunden, d. h. die Regelgröße verlässt das Band von 5 % innerhalb von 3 Sekunden nicht mehr. Die Zeiteinheit von Sekunden ergibt sich aus den Einheiten der Differentialgleichung, aus der die Übertragungsfunktion G_{CL} abgeleitet wurde.

Aufgabe 6.2. In der Aufgabe ist die Überschwingweite $\Delta h = 5\,\% = 0,05$ gegeben. Damit soll der Bereich in der s-Ebene markiert werden, für den die Dämpfung erfüllt ist. Dazu benötigen wir zunächst die Gleichung, die die Dämpfung aus der Überschwingweite berechnet:

$$d = \sqrt{\frac{\ln^2 \Delta h}{\ln^2 \Delta h + \pi^2}}$$

Für den Wert $\Delta h = 0,05$ ergibt sich

$$d = \sqrt{\frac{\ln^2 0,05}{\ln^2 0,05 + \pi^2}} = 0,69.$$

Eine Dämpfung von $d = 0,69$ bedeutet, dass die Winkel ϕ gleich

$$\phi = \arcsin d = \arcsin 0,69 = 43,6°$$

Sein muss. Dies bedeutet, dass alle Punkte in der s-Ebene, die näher an der negativen realen Achse liegen als durch den Winkel ϕ vorgegeben ist, die Bedingung von einer Überschwingweite von $\Delta h = 5\,\%$ erfüllen.

Aufgabe 6.3. Die Beruhigungszeit von kleiner als 4 (Sekunden) führt zu der Ungleichung

$$t_s = -\frac{\ln \epsilon}{d\omega_0} \approx \frac{3}{d\omega_0} \leq 4$$

Lösen wir dies nach $d\omega_0$ auf, so erhalten wir $d\omega_0 \geq \frac{3}{4} = 0,75$. Dies bedeutet, dass alle Punkte, die links von der Geraden $-d\omega_0$ liegen, das Kriterium der Beruhigungszeit erfüllen.

Aufgabe 6.4. Die Abbildung des geschlossenen Regelkreises beinhaltet zusätzlich zum Regler $C(s)$ und dem Prozess $G(s)$ eine Übertragungsfunktion für den Aktor $G_v(s)$ und eine für den Sensor bzw. dem Messgerät $G_m(s)$. Die Regelaufgabe bezieht sich auf die tatsächliche Regelgröße y und nicht auf die gemessene, y_m.

Im Frequenzbereich können wir die Übertragungsfunktion des geschlossenen Regelkreises berechnen. Sie beschreibt die Beziehung von Sollwert $R(s)$ zur Regelgröße $Y(s)$.

$$G_{CL}(s) = \frac{Y(s)}{R(s)}$$

Um diese abzuleiten, stellen wir Gleichungen für die Beziehungen für die verschiedenen Größen im Regelkreis auf. Es gilt

$$Y(s) = C(s)G(s)G_v(s)E(s)$$

wobei $E(s)$ die Regelabweichung ist, für die gilt

$$E(s) = R(s) - Y_m(s)$$

Der Zusammenhang von gemessener Regelgröße und tatsächlicher Regelgröße ist

$$Y_m(s) = G_m(s)Y(s)$$

Damit gilt

$$E(s) = R(s) - G_m(s)Y(s)$$

Dies können wir in die erste Gleichung einsetzen

$$Y(s) = C(s)G(s)G_v(s)(R(s) - G_m(s))Y(s)$$

Und nach $Y(s)$ umformen

$$(1 + C(s)G(s)G_v(s)G_m(s))Y(s) = C(s)G(s)G_v(s)R(s)$$

Hiermit erhalten wir die Übertragungsfunktion

$$G_{CL}(s) = \frac{Y(s)}{R(s)} = \frac{C(s)G(s)G_v(s)}{1 + C(s)G(s)G_v(s)G_m(s}$$

Aufgabe 6.5. (a) In Abbildung 9.12 sind Überschwingweite Δh, Beruhigungszeit t_s und Überschwingzeit t_p eingetragen. Wir können die Werte wie folgt ablesen: $\Delta h = \frac{0{,}33}{2} = 16{,}5\,\%$, $t_p = 0{,}9$ und $t_s = 1{,}3$. Dabei wurde $\epsilon = 0{,}05$ angenommen.

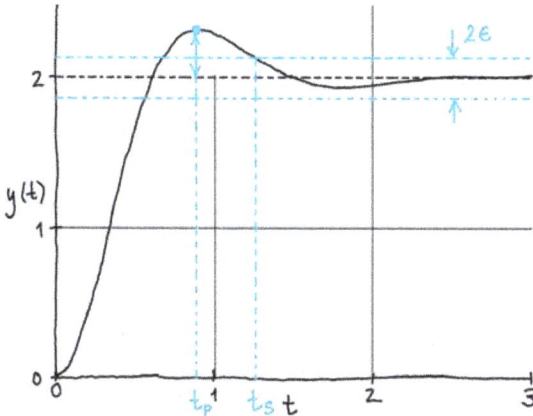

Abb. 9.12: Sprungantwort mit eingetragener Überschwingweite Δh, Überschwingzeit t_p und Beruhigungszeit t_s aus Aufgabe 6.5.

(b) Aus der Überschwingweite können wir die Dämpfung d berechnen:

$$d = \sqrt{\frac{\ln^2 \Delta h}{\ln^2 \Delta h + \pi^2}} \approx 0,5$$

Aus der Überschwingzeit berechnen wir die Frequenz ω_0:

$$\omega_0 = \frac{\pi}{t_p \sqrt{1-d^2}} \approx \frac{3,141}{0,9\sqrt{1-0,5^2}} = 4,0$$

Wir können gleichzeitig auch Frequenz mithilfe der Beruhigungszeit t_s berechnen.

$$\omega_0 = -\frac{\ln \epsilon}{dt_s} \approx \frac{3}{0.5 \cdot 1,3} = 4,6$$

Die unterschiedlichen Werte für ω_0 ergeben sich aus der Ungenauigkeit der Gleichung für die Beruhigungszeit. (Die tatsächliche Frequenz dieser Übertragungsfunktion lautet $\omega_0 = 4$.) Damit werden die Pole wie folgt berechnet:

$$s_{1/2} = -d\omega_0 \pm \sqrt{1-d^2}j = -0.5 \cdot 4 \pm \sqrt{1-0.5^2}j = -2 \pm 3,5j$$

Die Prozessverstärkung wird aus dem Endwert der Sprungantwort bestimmt: $K_p = 2$.

Aufgabe 6.6. Da wir einen Prozess 1. Ordnung und einen P-Regler haben wissen wir, dass

$$G(s) = \frac{K_p}{\tau s + 1}, \quad C(s) = K$$

ist. Um die Stellgröße zu berechnen gilt für Forward Path = $C(s)$ und die Übertragungsfunktion für die Stellgröße im geschlossenen Regelkreis lautet:

$$G_{CL}(s) = \frac{U(s)}{R(s)} = \frac{\text{Forward Path}}{1 + \text{Open Loop}} = \frac{C(s)}{1 + C(s)G(s)} = \frac{K}{1 + K\frac{K_p}{\tau s + 1}} = \frac{K(\tau s + 1)}{\tau s + 1 + KK_p}$$

Dies ist ein Prozess 1. Ordnung, allerdings mit einer Nullstelle. Um den Pol zu bestimmen müssen wir die Übertragungsfunktion umschreiben.

$$G_{CL}^U(s) = \frac{\frac{K}{1+KK_p}(\tau s + 1)}{\frac{\tau}{1+KK_p}s + 1}$$

Die Zeitkonstante des Nenners ist als $\tau_1 = \frac{\tau}{1+KK_p}$. Da K und K_p positiv sind ist die Zeitkonstante des Nenners immer kleiner als die der Nullstelle. Möchten wir den Zeitverlauf skizzieren, so ähnelt dieser dem Zeitverlauf (i) aus Abbildung 5.8. Die Stellgröße springt zum Zeitpunkt $t = 0$ stark an und stellt sich auf einen neuen Wert ein, der bei $\frac{K}{1+KK_p}$ liegt.

Kapitel 7

Aufgabe 7.1. (a) Die Übertragungsfunktion eines PD-Reglers lautet:

$$C_{\text{PD}}(s) = K(1 + T_d s)$$

Der Regler hat damit eine Nullstelle bei $s = -\frac{1}{T_d}$ und keinen Pol.
(b) Die Führungsübertragungsfunktion lautet

$$G_{\text{CL}}^R(s) = \frac{C_{\text{PD}}(s)G(s)}{1 + C_{\text{PD}}(s)G(s)}$$

$$= \frac{K(1 + T_d s)\frac{K_p}{\tau s + 1}}{1 + K(1 + T_d s)\frac{K_p}{\tau s + 1}}$$

$$= \frac{KK_p(1 + T_d s)}{\tau s + 1 + KK_p(1 + T_d s)}$$

$$= \frac{KK_p(1 + T_d s)}{(\tau + KK_p T_d)s + 1 + KK_p}$$

$$= \frac{\frac{KK_p}{1+KK_p}(1 + T_d s)}{\frac{\tau + KK_p T_d}{1+KK_p}s + 1} = \frac{K_{\text{CL}}(T_d s + 1)}{\tau_{\text{CL}}s + 1}$$

Damit hat die Übertragungsfunktion eine Nullstelle bei $-\frac{1}{T_d}$ und einen Pol bei $-\frac{1+KK_p}{\tau+KK_p T_d}$.

(c) Es gilt für den Endwertsatz bei einem Einheitssprung als Eingangsgröße:

$$y(t \rightarrow \infty) = G^R_{CL}(s \rightarrow 0) = K_{CL} = \frac{KK_p}{1 + KKp}$$

Damit gibt es eine bleibende Regelabweichung von $\frac{1}{1+KK_p}$.

(d) Mit $K_p = 2$ und einer bleibenden Regelabweichung kleiner als 10 % = 0,1 gilt:

$$\frac{1}{1 + 2K} \leq 0,1$$

Damit gilt für die Reglerverstärkung K

$$K \geq 4,5$$

(e) Die Zeitkonstante des geschlossenen Regelkreises wurde in Aufgabenteil (b) zu

$$\tau_{CL} = \frac{\tau + KK_p T_d}{1 + KK_p}$$

berechnet. Wenn $K = 5$, $K_p = 2$ und $\tau = 5$, dann gilt:

$$\tau_{CL} = \frac{5 + 10 T_d}{11} \leq 1$$

und damit für die Vorhaltezeit $T_d \leq 0,6$.

Aufgabe 7.2. In Abbildung 9.13 sind die beiden Sprungantworten mit eingetragenen Zeitkonstanten dargestellt. Da die Sprungantwort keinen glatten Verlauf aufzeigt, ist die Abschätzung eher ungenau. Jedoch geht es eher um die Größenordnung als um die exakten Werte.

Die Stellgröße wird zunächst von 35 % auf 45 % verändert. Dies bedeutet einen Sprung von $\Delta u = +15$ %. Als Folge ändert sich die Regelgröße von 770 °C auf 790 °C oder um 20 °C. Der Messbereich war mit 100 °C angegeben (von 700 °C bis 800 °C). Damit ist die Sprunghöhe der Regelgröße $y = \frac{20\,°C}{100\,°C} = 20$ %. Damit berechnet sich die Prozessverstärkung zu $K_p = \frac{20\,\%}{15\,\%} = 1,33$.

Der Sprung erfolgt um 8:30. Die Totzeit dauert ungefähr 10 Minuten. Die Zeitkonstante τ kann mit ca. 35 Minuten abgeschätzt werden. Mit diesen Werten können die ersten PID-Parameter berechnet werden. Dazu

$$K = \frac{1}{K_p}\left(0,2 + 0,45\frac{\tau}{T_t}\right) = \frac{1}{1,33}\left(0,2 + 0,45\frac{10}{35}\right) = 1,3$$

$$T_i = \frac{0,4T_t + 0,8\tau}{T_t + 0,1\tau}T_t = \frac{0,4 \cdot 10 + 0,8 \cdot 35}{10 + 0,1 \cdot 35}10 = 23,7 \text{ Minuten}$$

$$T_d = \frac{0,5T_t\tau}{0,3T_t + \tau} = \frac{0,5 \cdot 10 \cdot 35}{0,3 \cdot 10 + 35} = 4,6 \text{ Minuten}$$

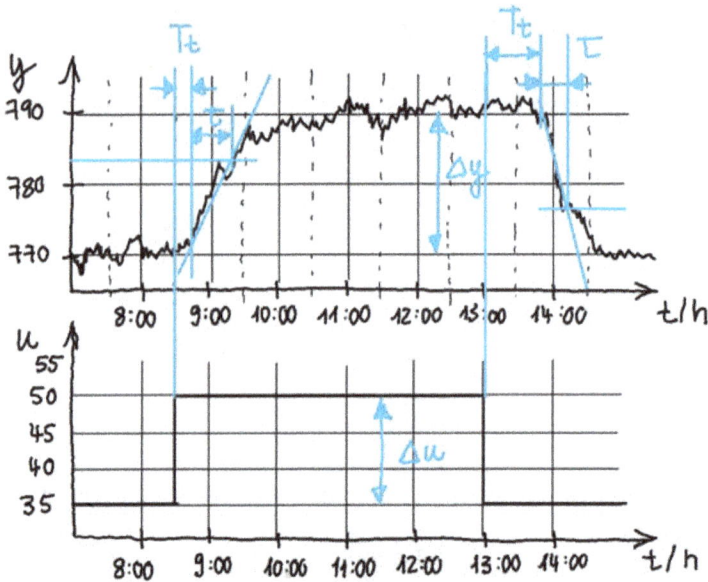

Abb. 9.13: Zeitverlauf von Aufgabe 7.2 mit abgeschätzten Konstanten T_t und τ sowie Niveauänderungen der Stellgröße Δu und der Regelgröße Δy.

Zum Zeitpunkt 13:00 wird die Stellgröße wieder zurück auf 35 % verändert, d. h. $\Delta u = -15\,\%$. Die Regelgröße ändert sich auch dann wieder auf 770 °C, d. h. $\Delta y = -20\,\%$. Damit ist die Prozessverstärkung wieder $K_p = 1{,}33$. Diesmal ist aber die Totzeit länger: $T_t \approx 45$ Minuten und die Zeitkonstante etwas kürzer: $\tau \approx 25$ Minuten. Damit ergeben sich die folgenden Regler-Parameter: $K = 0{,}38$, $T_i = 36$ und $T_d = 14{,}6$.

Anmerkung: Es ist nicht ungewöhnlich, unterschiedliche Zeitkonstanten bei Änderungen der Stellgröße nach unten oder nach oben zu haben. Wir sprechen hierbei von einer Nichtlinearität. Bei einem Temperaturprozess kann zum Beispiel der Heizprozess schneller ablaufen, wenn es eine aktive Heizung gibt als das Abkühlen, wenn es keine aktive Kühlung gibt. Wir können dann den vorsichtigeren Wert der Regelparameter (in diesem Fall $K = 0{,}38$, $T_i = 36$ und $T_d = 14{,}6$) wählen. Damit wird jedoch die Regelung bei positiven Änderungen langsam. Eine Lösung für dieses Problem ist die Verstärkungsplanung. Dabei werden unterschiedliche Regelparameter gewählt, je nachdem ob die Regelgröße ansteigt oder abnimmt.

Aufgabe 7.3. Abbildung 9.14 zeigt den Zeitverlauf zusammen mit den eingetragenen Prozessgrößen. Dabei kann die Totzeit T_t mit ca. 7 Minuten abgelesen werden. Die Geschwindigkeit v beträgt ca. 10 % pro 6 Minuten, d. h. $v = 1{,}67$. Die Stellgrößenänderung, die zu diesem Anstieg geführt hat, ist $\Delta u = 10\,\%$. Damit ergibt sich die Geschwindigkeitsverstärkung zu $K_v = \frac{v}{\Delta u} = \frac{1{,}67}{10} = 0{,}167$.

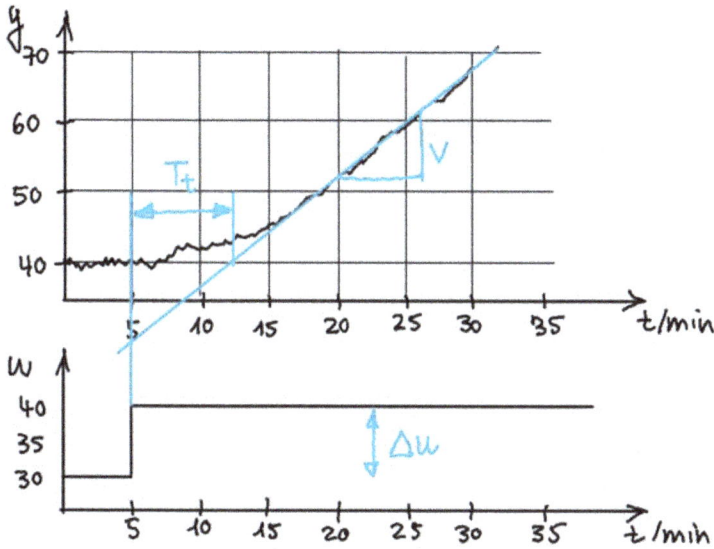

Abb. 9.14: Zeitverlauf der Sprungantwort aus Aufgabe 7.3 mit abgeschätzter Totzeit T_t, Änderung der Stellgröße Δu sowie der Geschwindigkeit v.

Die AMIGO-Einstellregeln ergeben die folgenden PID-Parameter:

$$K = \frac{0{,}45}{K_v T_t} = \frac{0{,}45}{0{,}167 \cdot 7} = 0{,}39$$

$$T_i = 8T_t = 8 \cdot 7 = 56 \text{ Minuten}$$

$$T_d = 0{,}5T_t = 0{,}5 \cdot 7 = 3{,}5 \text{ Minuten}$$

Aufgabe 7.4. Sprungantwort (a) können wir eine „Schleppe" beobachten, d. h. der Regler braucht sehr lange, um wieder auf den Sollwert zurückzukommen. Dies kann sowohl an einer zu kleinen Reglerverstärkung K, als auch an einer zu großen Nachstellzeit T_i liegen. Da bei einer zu großen Nachstellzeit T_i bei jedoch ausreichendem K eine Art Knick bzw. einer angedeuteten Schwingung kommt und diese hier nicht vorhanden ist, ist wahrscheinlich K zu klein gewählt. Sprungantwort (b) zeigt eine Oszillation auf. Dies kann an einer zu hohen Reglerverstärkung K oder an einer zu klein gewählten Nachstellzeit T_i liegen. Aus der Aufgabenstellung ergibt sich die Antwort: eine Sprungantwort ist Fall (i), die andere Fall (ii). Ohne diese Information können wir nicht feststellen, ob K oder T_i falsch eingestellt ist.

Aufgabe 7.5. Der PI-Regler hat, anders als der P-Regler, keinen strukturellen Nachteil, da der bleibende Regelabweichung eliminiert. Beim PI-Regler müssen nur zwei Parameter eingestellt werden. Der D-Anteil ist oft abgestellt ($T_d = 0$), da er bei falscher Wahl von T_d zu Instabilitäten führen kann. In den meisten Fällen ist die Regelgüte, die mit einem PI-Regler erzielt werden kann, ausreichend.

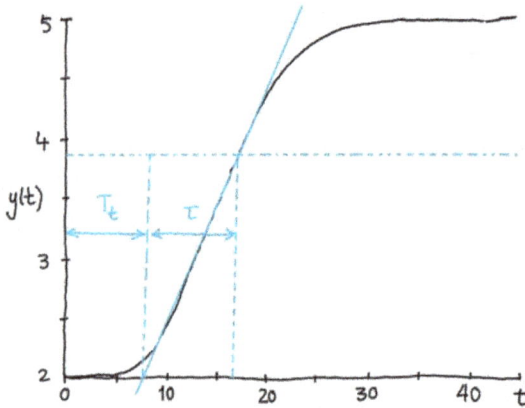

Sprungantwort mit den eingetragenen, abgeschätzten Parameter: Zeitkonstante τ und Totzeit T_t aus Aufgabe 7.6.

Aufgabe 7.6. (a) Abbildung 9.15 zeigt die Sprungantwort mit eingezeichneter Wendetangente. Die Totzeit T_t kann am Schnittpunkt von Ausgangsniveau und Wendetangente abgelesen werden. Die Zeitkonstante τ wird durch den Schnittpunkt mit der 63 %-Linie bestimmt. Die Prozessverstärkung ist $K_p = 3$ (Endniveau: 5, Ausgangsniveau: 2, $\Delta y = 5 - 2 = 3$, $\Delta u = 1$, $K_p = \Delta y / \Delta u = 3$).

(b) Die Reglerverstärkung für die aggressive Einstellung lautet $K_1 = 0{,}33$, die Reglerverstärkung für robustes Einstellen lautet $K_2 = 0{,}2$. Für beide Einstellungen gilt für die Nachstellzeit $T_i = 12{,}8$ und die Vorhaltezeit $T_d = 2{,}8$.

(c) In der Aufgabe gegebenen Abbildung ist (a) die robuste Einstellung ($\lambda = 2\tau$) und (b) die aggressive Einstellung ($\lambda = \tau$). Bei der aggressiveren ist der Überschwinger stark ausgeprägt. Der Knick in Abbildung (a) kommt durch die höhere Ordnung des Prozesses (PT_8).

Kapitel 8

Aufgabe 8.1. Die Störgröße des Durchflusses in der Wasserzufuhr kann über das Stellventil beeinflusst werden. Aus diesem Grund bietet sich eine Kaskadenschaltung an. Durchflussschwankungen können sofort kompensiert werden während sich der Füllstand nur langsam ändert. Damit ist die Voraussetzung für eine Kaskadenregelung erfüllt.

Die Durchflussschwankungen im Dampfverbrauch können gemessen, aber nicht kompensiert werden. Aus diesem Grund bietet sich eine Feedforward-Regelung an. Es dauert einige Zeit, bis sich die Schwankungen auf den Füllstand auswirken. Genauso wird es dauern, bis der Füllstand sich bei verändertem Zulauf ändert. Die Voraussetzungen für eine Feedforward-Regelung sollten erfüllt sein. Sowohl Kaskaden- als auch Feedforward-Regelung sind in Abbildung 9.16 eingezeichnet.

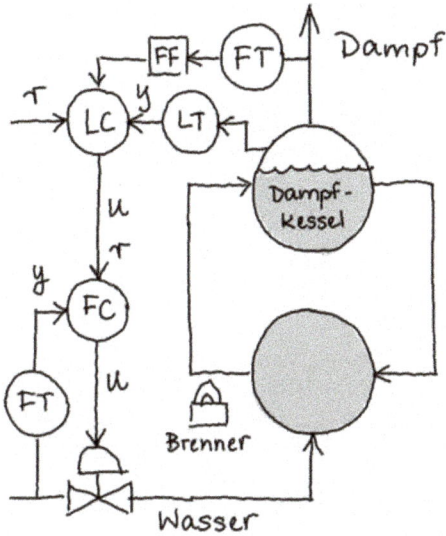

Abb. 9.16: Kaskaden und Feedforward-Regelung zur Füllstandregelung in einem Dampfkessel in Aufgabe 8.1.

Aufgabe 8.2. Die Außentemperatur ist die Störgröße d, der Stellbereich die Fensteröffnung von ganz geschlossen (0 %) bis vollständig geöffnet (100 %). Der Messbereich, über den die Fenster eingestellt werden, geht von 15 °C bis 30 °C.

$$K_f = \frac{\Delta u}{\Delta d_{\text{norm}}} = \frac{100\,\%}{15\,°\text{C}/45\,°\text{C}} = \frac{1}{1/3} = 3$$

Literatur

[1] Jose Luis Guzman and Tore Hägglund. *Feedforward Control: Analysis, Design, Tuning rules, and Implementation*. De Gruyter, 2024.

[2] Adrian O'Dwyer et al. *Handbook of PI and PID controller tuning rules*. World Scientific, 2009.

[3] Ilja N Bronstein et al. *Taschenbuch der Mathematik*. Springer Verlag, 2012.

[4] *Representation of process control engineering – Requests in P&I diagrams and data exchange between P&ID tools and PCE-CAE tools*. Norm. Feb. 2016.

[5] Irmgard Flügge-Lotz. *Discontinuous automatic control*. Princeton: Princeton University Press, 1953. ISBN: 9780691627182.

[6] *International Society of Automation – S5.1 - Instrumentation Symbols and Identification*. Norm. Feb. 1992.

[7] Karl Johan Åström and Tore Hägglund. *Advanced PID Control*. Research Triangle Park, North Carolina: ISA – The Instrumentation, Systems and Automation Society, 2006.

[8] Karl Johan Åström and Tore Hägglund. "Revisiting the Ziegler–Nichols step response method for PID control". In: *Journal of process control* 14.6 (2004), pp. 635–650.

[9] *Internationales Elektrotechnisches Wörterbuch – Teil 351: Leittechnik*. Norm. Feb. 2013.

[10] Otto Föllinger. *Regelungstechnik*. Frankfurt: VDE Verlag, 2022. ISBN: 9783800755189.

[11] Stephen Goldrick et al. "The development of an industrial-scale fed-batch fermentation simulation". In: *Journal of biotechnology* 193 (2015), pp. 70–82.

[12] Tore Hägglund. *Process control in practice* Walter de Gruyter GmbH & Co KG, 2023.

[13] Jan Lunze. *Regelungstechnik 1*. London: Springer, 2014. ISBN: 9783642539091.

[14] Holger Lutz and Wolfgang Wendt. *Taschenbuch der Regelungstechnik*. Harri Deutsch, 1995.

[15] Dale E. Seborg et al. *Process Dynamics and Control*. New York, US: Wiley, 2019. ISBN: 1119587492.

[16] Antonio Visioli. *Practical PID Control*. London: Springer, 2006. ISBN: 9781846285851.

[17] Serge Zacher and Manfred Reuter. *Regelungstechnik für Ingenieure*. Springer, 2017.

[18] John G. Ziegler and Nathaniel B. Nichols. "Optimum settings for automatic controllers". In: *Transactions of the American society of mechanical engineers* 64.8 (1942), pp. 759–765.

https://doi.org/10.1515/9783111573038-010

Stichwortverzeichnis

https://doi.org/10.1515/9783111573038-011